U0351418

○ 设计旅游网站导航

○ 设计美食类的网站页面

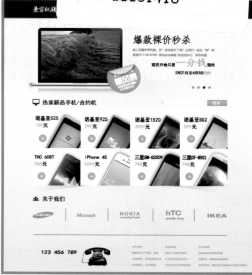

○ 设计数码产品网站

精彩案例欣赏

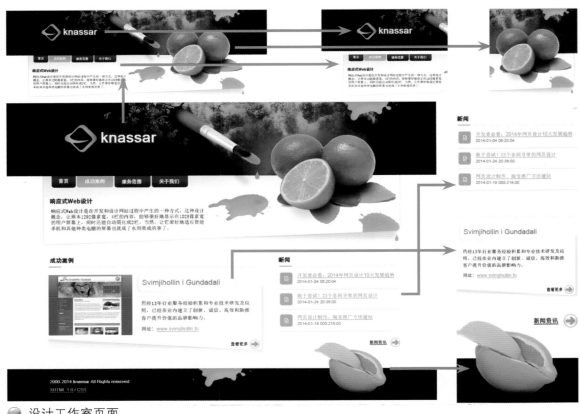

设计工作室页面

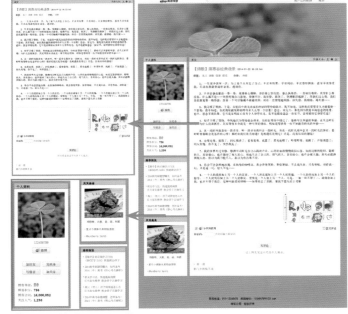

设计博客关联导航

制作设计网站

设计理财投资网站

设计图片网站

设计科技产品网站

● 设计家具网站链接

● 设计科技通信网页

设计博客导航页面

设计环保网站局部导航

光 盘 内 容

全书所有操作实例均配有操作过程演示，共 18 个近 78 分钟视频（光盘\视频）

全书共包括 18 个操作实例，读者可以全面掌握网站用户体验设计的技巧。

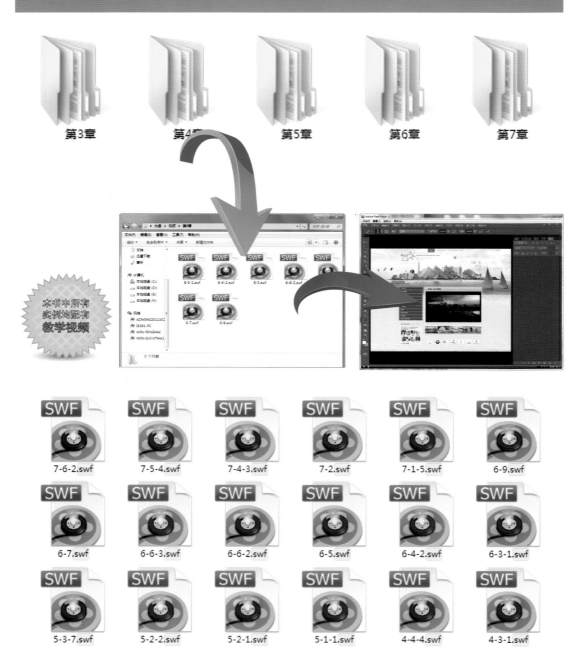

第3章　　　第4章　　　第5章　　　第6章　　　第7章

本书中所有
实例均配有
教学视频

7-6-2.swf　　7-5-4.swf　　7-4-3.swf　　7-2.swf　　7-1-5.swf　　6-9.swf

6-7.swf　　6-6-3.swf　　6-6-2.swf　　6-5.swf　　6-4-2.swf　　6-3-1.swf

5-3-7.swf　　5-2-2.swf　　5-2-1.swf　　5-1-1.swf　　4-4-4.swf　　4-3-1.swf

光盘中提供的视频为 SWF 格式，这种格式的优点是体积小，播放快，可操控。除了可以使用 Flash Player 播放外，还可以使用暴风影音、快播等多种播放器播放。

网页设计殿堂之路

张晓景 编著

网站用户体验设计全程揭秘

清华大学出版社
北京

内 容 简 介

本书针对网站用户体验设计的概念和设计要点进行了深入讲解和分析,并以实例的形式对每一个重要的知识点进行演示。

本书共分7章,从网站用户体验基础开始,逐步讲解了用户体验的要素、网站创建的原则、网站色彩搭配、网站设计的基本知识点、网站导航设计和合理规划网站页面结构,并通过实例深入剖析了网站色彩搭配、网站导航和规划网站的方法,也对不同分类网站的设计要点进行了分析。同时也对Photoshop制作网页的方法和技巧进行了介绍,并通过制作实例引导读者使用该软件设计和制作各类网站页面。

本书附赠1张CD光盘,其中提供了丰富的练习素材、源文件,并为书中所有实例都录制了多媒体教学视频,方便读者学习和参考。

本书结构清晰、由简到难,实例精美实用、分解详细,文字阐述通俗易懂,与实践结合非常密切,具体很强的实用性,是一本网站用户体验设计的学习宝典。

图书在版编目(CIP)数据

网站用户体验设计全程揭秘 / 张晓景 编著. —北京:清华大学出版社,2014
(网页设计殿堂之路)
ISBN 978-7-302-36240-1

Ⅰ.①网… Ⅱ.①张… Ⅲ.①网站—设计 Ⅳ.①TP393.092

中国版本图书馆CIP数据核字(2014)第076481号

责任编辑:李 磊
封面设计:王 晨
责任校对:曹 阳
责任印制:李红英

出版发行:清华大学出版社
      网 址:http://www.tup.com.cn,http://www.wqbook.com
      地 址:北京清华大学学研大厦 A 座   邮 编:100084
      社 总 机:010-62770175   邮 购:010-62786544
      投稿与读者服务:010-62776969,c-service@tup.tsinghua.edu.cn
      质 量 反 馈:010-62772015,zhiliang@tup.tsinghua.edu.cn
印 装 者:北京亿浓世纪彩色印刷有限公司
经 销:全国新华书店
开 本:190mm×260mm   印 张:12.5   字 数:292 千字
      (附 CD 光盘 1 张)
版 次:2014 年 10 月第 1 版   印 次:2014 年 10 月第1 次印刷
印 数:1~3500
定 价:69.00 元

产品编号:059415-01

　　网站用户体验是指用户在访问网站时享受网站提供的各种服务的过程中建立起来的心理感受。本书针对网页设计中的用户体验进行了详细分析和介绍，并通过实例的形式对所讲解的知识点进行巩固学习。

　　一个好的网站除了内容精彩、定位准确以外，还要方便用户浏览，使用户可以方便快速地在网站中找到自己感兴趣的内容。本书从网站用户体验设计的各个方面进行介绍，使读者在了解用户体验设计基础的同时，能够综合运用所学内容。同时本书通过使用 Photoshop 设计各种不同类型的网站，向用户展现了真实且精美的设计作品。

本书内容

　　第 1 章主要介绍了网站用户体验基础，包括用户体验的重要性、用户体验与网站、用户体验包含的内容、网站的竞争优势、以用户为中心设计、如何设计用户体验、网页用户体验的层面和网页用户体验的原则等。

　　第 2 章主要介绍了用户体验的要素，包括网站的目标和用户需求、交互设计的内容和习惯、网站信息的架构、网站的界面和导航设计、搞定信息设计、使用线框图、网站的视觉设计、网站的配色方案、网站的排版方案和用户体验要素的应用等。

　　第 3 章主要介绍了网站建设的原则，其中包括为网站设计好的引导系统、让用户随时知道结果、基于人体工程学设计、创建网站设计的标准、为用户提供纠错功能、帮助用户记忆、为不同水平的用户考虑和提供帮助文档等。

　　第 4 章主要介绍了网站色彩搭配，包括色彩基础、色彩传达的意义、网页色彩搭配基础、色彩搭配的原则、色彩联想与作用配色、网页中色彩的特性、网页配色的基本方法等。

　　第 5 章主要介绍了提高用户体验的要素，其中包括确定网页的尺寸、合理的页面布局、了解网页设计的视觉层次等。

　　第 6 章主要介绍了网站导航设计，其中包括用户如何在网站中查找信息、导航的分类、全局导航的设计、局部导航的设计、导航的访问模型、想方设法留住用户、巧用可用性导航、导航设计的技巧和导航多个页面等。

　　第 7 章主要介绍了合理规划网站页面结构，包括创建网站路径图、串链网站页面、了解页面的类型、组合类似的任务、使用网站图、页面分区与交互等。

本书特点

　　本书全面细致地讲解了网站用户体验设计的基础和要点，并对 Photoshop 在网页设计方面的应用进行了详细介绍，同时以实例的方式，有针对性地介绍了 Photoshop 在用户体验设计方面的应用。

• 紧扣主题

　　本书全部章节均围绕网站用户体验设计的主题进行展开，所制作的实例也均与 Photoshop 网站设计有关，书中实例精美，并且内容实用性较强。

• 易学易用

　　书中采用基础知识与实例相结合的方式，使用户在学习后立即通过实例对学习的内容进行巩固，使学习的成果达到最大化。

- **多媒体光盘辅助学习**

　　为了增加读者的学习渠道，增强读者的学习兴趣，本书配有多媒体教学光盘，在光盘中提供了本书中所有实例的相关素材、源文件以及视频教学，使读者可以得到仿佛老师亲自指导一样的学习体验，并能够快速应用于实际工作中。

本书作者

　　本书由张晓景编著，另外李晓斌、高鹏、解晓丽、孙慧、程雪翩、王媛媛、胡丹丹、刘明秀、陈燕、王素梅、杨越、王巍、范明、刘强、贺春香、王延楠、于海波、肖阁、张航、罗廷兰等人也参与了编写工作。本书在写作过程中力求严谨，由于水平有限，疏漏之处在所难免，望广大读者批评指正。

编　者

第 1 章 网站用户体验基础

用户体验（User Experience，简称 UE）是指用户在使用产品的过程中建立起来的感受。用户体验是多方面的，如旅行体验、开车体验等。网站用户体验指的就是网页的浏览者在浏览整个网站时的感受。

1.1 用户体验的重要性

随着计算机技术在移动、网络和图形技术等方面的高速发展，人机交互技术逐渐渗透到人类活动的各个领域中，也使得用户的体验从单纯的可用性工程，扩展到更广的范围。

在网页设计的过程中，通常要结合不同相关者的利益，例如品牌、视觉设计和可用性等各个方面。这就需要人们在设计网站的时候必须同时考虑到市场营销、品牌推广和审美要求三个方面的因素。用户体验就是提供了一个平台，希望覆盖所有相关者的利益——使网站使用方便的同时更有价值，可以使浏览者乐在其中。

从浏览者的角度来看，用户更喜欢有更多实质内容的网页，讨厌漫天广告的网页，这也是人之常情，也是最简单的用户体验，也是最直接影响网页浏览度的因素。很多时候，用户体验直接影响到一个网站是否成功。一个不重视用户体验的网站，希望做大做强基本只是空谈。

1.2 用户体验与网站

互联网上的网站数量数以万计，当用户面对大量可以选择的网站时，该如何快速访问到自己感兴趣的内容呢？通常都是用户自己盲目浏览，决定哪个网站的内容符合个人的要求。

随着互联网上竞争的加剧，越来越多的企业开始意识到提供优质的用户体验是一个重要的、可持续的竞争优势。用户体验形成了客户对企业的整体印象，界定了企业和竞争对手的差异，并且决定了客户什么时候会再次光顾。

本章知识点

☑ 用户体验及其重要性

☑ 用户体验包含的内容

☑ 如何设计用户体验

☑ 网页用户体验的层面

☑ 网页用户体验的原则

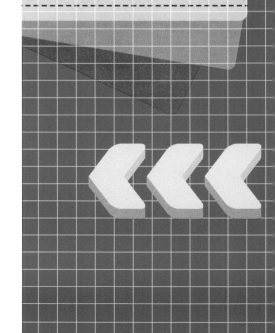

在设计网页的时候，为了更好地表现网站内容并留住更多的浏览者，设计师需要注意以下几点。

首先必须要规避设计时自己个人的喜好。自己喜欢的东西并不一定谁都喜欢，例如网页的色彩应用，设计师个人喜欢大红大绿，并且在设计的作品中充斥着这样的颜色，那么一定会丢失掉很多潜在客户，原因很简单，就是跳跃的色彩让浏览者失去对网站的信任。现在的大部分用户都喜欢简单的颜色，简约而不简单。可以通过先浏览其他设计师的作品，然后再进行设计的方法来实现更符合大众的设计方案。当然浏览别人的作品不等于要抄袭，抄袭的作品会让浏览者对网站失去信任感。是让设计师在别人作品的基础上再提高，以留住更多的浏览者。

其次是设计师必须要让很多不同层次的浏览者在网页作品上达成一致的意见，也就是常说的"老少皆宜"。那样才能说明设计的网站是成功的，因为抓住了所有浏览者共同的心理特征，吸引了更多新的浏览者。通过奖励刺激浏览的方法尽可能少用，虽然利益是最大的驱动力，但是网络的现状让网民的警惕性非常高，一不小心就会适得其反。想要抓住人们的浏览习惯其实很简单，只要想想周围的人都关注的共同东西就明白了。

最后就是要充分分析竞争对手，平时多看看竞争对手的网站项目，总结出他们的优缺点，避开对手的优势项目，以他们的不足为突破口，这样才会吸引更多的浏览者注意。也就是说，要把竞争对手的劣势转换为自己的优势，然后突出展现给浏览者看，这一点在网站设计中更易实施。

1.3 用户体验包含的内容

用户体验一般包含四个方面：品牌（Branding）、使用性（Usability）、功能性（Functionality）和内容（Content）。一个成功的设计方案必定在这四个方面充分考虑，使用户可以便捷地访问到自己需要的内容的同时，又在不知不觉中接受了设计本身要传达的品牌和内容。

1.3.1 品牌

就像提起手机人们就想起苹果，提起洗发水人们就想起海飞丝一样，品牌对于任何一件展示在普通民众面前的事物有着很强的影响力。没有品牌的东西是很难受到欢迎，因为它没有任何质量保证。同样对于一个网站来说，良好的品牌也是其成功的决定因素。

网站是不是有品牌取决于两个要素：是不是独一无二的和是不是最有特点或者内容最丰富的。

| 网站品牌 | = | 独一无二的类型 | + | 网站内容丰富，更新及时 |

网站的独一无二很好解释，假如这个行业只有你一个网站，那么就算选择的关键词相当冷门，就算是用户不多，但对于这个行业也是品牌。假如网站相对其他同类网站来说内容最丰富，信息更新最快，那么就是最成功的。这两点对于树立网站品牌是非常重要的，归根结底一句话，你的网站是不是可以给浏览者带来了吸引力。

此外视觉体验对于品牌的提升也是很有影响的，举个例子，索尼有一款平民化的数码单反相机"阿尔法300"，这款相机虽然价格低廉，但是SONY公司却将这款相机的官方网站设计得高贵典雅，让人一眼就觉得这样的一款机器一定是上万元的好机器，但实际这款机器售价只有三千多元，这就是视觉体验对于品牌的提升。这一点在网页设计上也是通用的。网页设计的优劣对于人们是不是能记住你的网站有非常重要的作用，而且适当使用图片、多媒体，对于网站也是很有帮助的。

高品质的设计有助于网站品牌的提升

> 💡 **提示**　在设计网页时，使用图片或视频有助于提升网站的功能性和美观性。但是也需要注意，在增加网站体积的同时，也会忽略网站的主题内容，所以要适可而止，宁缺毋滥。

1.3.2　使用性

用户在浏览网页时，偶尔会遇到浏览器标题栏下显示"网页上有错误"这样的提示。这种情况一般不会影响到网页的正常浏览。但如果错误太大，可能直接影响到网站的重要功能和使用。这会直接对网站的品牌造成影响。

这些错误有的可能是网站后台程序造成的，程序员应该迅速解决，以便不会影响浏览网站的用户体验。有些错误则是由于浏览者的错误操作引起的。如果没有相关的浏览引导方案，会给很多接触计算机不多的浏览者一种"这个网站太难操作"的错觉，会严重影响用户体验，也就是在这样的环境下，AJAX 应运而生。所以在进行网页设计时，一定要有用户操作错误的预设方案，这样才能更好地提高用户体验。

> 💡 **提示**　AJAX 不是一种新的编程语言，而是一种用于创建更好、更快以及交互性更强的 Web 应用程序的技术。AJAX 在浏览器与 Web 服务器之间使用异步数据传输，这样就可使网页从服务器请求少量的信息，而不是整个页面。可使互联网应用程序更小、更快、更友好。

设计网站时要充分考虑到主要受众群的操作问题。例如一个农业科技方面的网站，在设计时网站的美观性可以适当忽略，将设计的重点放在网站操作的流畅性和连贯性上。多考虑一些没有计算机操作基础的初级网民的感受，对整个网页的使用性做出优化。例如对基本功能进行说明，优化导航条，简化搜索功能等。

突出网站导航
方便用户查找

整合网站功能
方便用户浏览

优化农业科技类网站页面

浏览者访问网站的目的都是要寻找个人需要的资料。设计师要站在浏览者的角度充分考虑，了解他们需要的内容，并将这些内容放到页面中任何人都可以找到的地方，使网页浏览者可以轻松找到自己想要的内容，经历一段非常完美的上网体验。经过口口相传，访问者就会越来越多，这就是常说的"口碑营销"。对于用户体验设计师来说，主要的工作内容就是帮助浏览者快速达到他们浏览网站的目的。

在技术允许的情况下，可以在网站中考虑一些特殊人群的习惯。例如针对残疾人增加收听验证码和语音读取内容等功能，将有助于提高网站用户体验。

同时在设计网站时，要注意整个网站的风格一致。网站中使用的色彩、图片和文字效果尽可能保持一致。这样既可以使整个网站效果更协调，也会给浏览者留下统一的印象。例如一个美容网站中忽然出现了一张动物的图片，会使整个网站的风格显得格格不入，不伦不类。

1.3.3　功能性

这里所说的功能性，并不是仅仅指网站的界面功能，更多的是在网站内部程序上的一些流程。这不仅仅对于网站的浏览者有很大的用处，而且对于网站管理员的作用也是不容忽视的。

网站的功能性包含以下内容。

- 网站可以在最短的时间内，获取到用户所查询的信息，并反馈给用户。
- 程序功能过程对用户的反馈。这个很简单，例如经常可以看到的网站的"提交成功"或者收到的其他网站的更新情况邮件等。
- 网站对于浏览者个人信息的隐私保护策略，这对于增加网站的信任度有很好的帮助。

- 线上线下结合。最简单的例子就是网友聚会。
- 优秀的网站后台管理程序。好的后台程序可以帮助管理员更快地完成对网站内容的修改与更新。

1.3.4　内容

如果说网站的技术构成是一个网站的骨架，那么内容就是网站的血肉了。内容不单单包含网站中的可读性内容，还包括连接组织和导航组织等方面，这也是一个网站用户体验的关键部分。也就是说网站中除了要有丰富的内容外，还要有方便、快捷、合理的链接方式和导航。

综上所述，只要按照用户体验的角度量化自己的网站，一定可以让网站受到大众的欢迎。

1.4　网站的竞争优势

一些网站只是用来介绍企业信息的，网站上没有销售任何东西。网站本身具有完全的独立权，用户如果想要了解企业信息，就必须从这个网站中获取。可以说网站基本上没有竞争对手，这就是所谓的竞争优势。对于此类网站，同样不能忽视用户在网站上的体验。

1.4.1　提升网站竞争优势

如果网站以巨大的信息量为主要看点，那就要尽可能有效地传达信息。不要只是将它们放在那里，任由用户查看。要在帮助用户理解的同时，以用户可以接受的方式呈现出来。否则用户永远不会发现网站所提供的服务或产品正是他们寻找的，而且用户可以得到一个结论：这个网站很难使用。

用户得到一次不好的体验，就有可能再也不会回来。如果用户在网站上体验一般，但是，在对手网站那里感觉更好，那么下次他们就会直接访问竞争对手的网站，而不是你的。由此可见，用户体验对于客户的忠诚度有着很大的影响。

 一些网站通过发送大量的营销邮件对网站进行推广，通常很难说服用户再次访问网站。但一次良好的用户体验就可以。如果用户第一次的访问得到了不好的用户体验，那通常不会再有"第二次机会"去纠正它。

1.4.2　提升网站用户体验

提升网站的用户体验并不是只会提升"客户忠诚度"，同时还可以提高企业的投资回报率。投资回报率通常是通过金钱来衡量的：花出去的钱能收回多少等值收益？这就是投资回报率。投资所得的收益并不一定要通过货币单位进行计算。可以通过一种衡量方法，用来计算"花出去的钱"转化成了多少"企业的价值"。

当网站中有浏览者出现时，你会希望和他们建立一种关系，以方便采取进一步的行动。例如注册会员和确认邮件。可以通过转化率衡量这个结果。通过跟踪"转化"到下一步的用户的百分比，可以衡量你的网站在达到商业目的方面的效率有多高。

> 3 个注册并确认邮件的用户 ÷ 36 个访问者 =8.33% 的转化率

转化率对于电子商务网站尤其重要。这是因为浏览电子商务网站的人数要远多于购买商品的人数。优质的用户体验是提高网站转化率的关键因素。转化率的增高直接带来的就是网站商品销量的增加，从而带来网站财政收入的增加。

偶然浏览用户　⟶　优质的用户体验　⟶　实际购买者

差劲的购买过程的用户体验

任何在用户体验上的努力，最终目的都是为了提高效率。这里所指的效率除了用户浏览网站的效率以外，还包括本身企业中员工的工作效率。员工所使用的工具效率得以改进，可以直接提高企业的整体生产力，使得员工可以在相同的工作时间内完成更多的工作。根据"时间就是金钱"的观点，节省员工的时间就等于节约企业的金钱。而且员工从工作中获得了更大的满足感和自豪感。

1.5 以用户为中心设计

研究发现：80%的用户仅仅使用了软件20%的功能。而那些没用的功能不仅浪费开发时间，也使得软件更加难以使用。一个成功的软件应该是简练精干的，可以单独智能化地解决单个问题。换句话说，就是要以满足用户最直接要求为设计中心。

1.5.1 了解用户需要什么

很多网站往往为了满足不同用户的需求而增加功能，增加的功能必然需要在界面中用视觉呈现出来，这就会使网页内容越来越多，很多的功能掺杂在一起，如果不经过过滤，必然会违背原来阅读的初衷，所以每一个功能的增加都要慎重。

用户对于互联网的功能需求也和对软件的功能要求一样。既喜欢简单的，也喜欢复杂的。而且用户的体验需求也会随时随地发生变化。

首先如何让用户体验更简单呢？当然将复杂的功能去除是最好的，如果实在无法去除某个复杂的功能，那就应该将其隐藏。因为大多数情况下，不常用的功能要比经常使用的功能占据更多的空间。

相对于前面提到的"简单"，很多用户也喜欢"复杂"。这里的"复杂"指的不是很难用、流程超级复杂、容易出错的用户体验，而是指功能的丰富。

真正好的用户体验其实是给用户所需的任何功能，为用户设计一款"复杂"的产品。并将这款产品从表现上简化，让基础功能操作简化，给扩展功能保留使用入口即可。这个设计思路最具代表性的例子就是 Microsoft Office 和 Adobe 系列产品。

　　用户的需求并不是一成不变的，短期内用户会受到某种强烈的需求而需要一个产品。随着市场和行业的不断发展，用户对于一个产品评价也会随之发生变化。例如肯德基刚进入中国市场时，被人们认为是一种奢侈的象征，小朋友以吃一次肯德基为荣。随着我国经济的发展，人们对于肯德基的体验就完全不一样了：热量过高，不利健康。这是一个很典型的用户对一个产品评价的变迁过程。

　　用户的期望值会因为很多因素而发生变化，有的来自外部的环境，有的来自产品自身，有的来自用户成长。这些影响期望值的因素都会相辅相成互相影响。有的时候不是我们的体验或产品变了，而是用户发生了变化，所以用户体验的设计，除了要考虑产品本身之外，还要考虑用户所需要的。

1.5.2　遵循用户的习惯

　　用户通常会根据个人喜好做事，这就是习惯。习惯没有好坏之分，关键要看基于的根本是什么。从用户体验的角度来说，任何产品都可以分为两种：遵循现有用户习惯的产品和颠覆用户习惯的产品。

　　在设计网页时可以在技术上创新，在业务模式上改变，也要在以下几点上遵循用户的习惯。

● **用户的生活背景以及文化背景**

　　生活和文化背景是必须要遵循的习惯。想去颠覆或是磨灭一个群体甚至民族的习惯，基本上会付出惨痛的代价。例如使用红色表现喜庆，白色表现悲伤，是中华民族几千年来的一种习惯。如果想去改变这个习惯，使用其他颜色必定会自讨没趣。

● **用户的生理状况与需求状况**

　　在设计网站页面时，还要考虑到网站主用户群的基础属性，例如年龄层、身体承受力等。如果网站用户多为视觉不好的中老年人，使用常规的字号，则会给老年用户浏览带来困难。可以将页面中的文字和图片做放大处理，使老年人可以清楚看到内容。

● **以"自我为中心"的心理**

　　人往往是自私的，每个人常常会以自己为中心评定事情的好坏。所以在进行用户体验设计时，必须满足用户这种需求。使每个用户可以体会到以"自我为中心"的优越感。这样用户就会成为最忠实的客户。例如很多人沉迷于网游的原因就是因为他们在现实生活中受到各种限制，而无法真正实现以自我为中心，而在网游的世界里却可以完全实现。

1.5.3　颠覆用户的习惯

　　在设计网页时，设计师通常会根据网站内容把网站划分为不同的区块，然后再分别进行美化。这种方式在众多的设计师中已经形成了一种思维定势。设计师在思维定势中自我感觉良好；一旦突破了思维定势，会让一些负担或痛苦变成享受。对于用户体验的设计来说，有以下两方面可以颠覆。

● **可以改变的生理机能**

在设计网页时，有很多页面都具有独有性，例如注册页、登录页和搜索页。这些页面通常用户只会访问一次或者几次，而且这些网页本身也是在网站发展的同时逐步完善的。所以在用户体验的设计中，这些习惯就是可以颠覆的。设计师可以根据个人的喜好对这些页面进行设计、优化和修改，而不会影响用户的习惯。

● **发展中的知识和技术**

网站上的技术每天都在变化，新的技术层出不穷。如果三天不关注你的技术和知识，你就有可能远远落后于这个领域。同时，这些技术和知识的变化必然带来用户体验的变化，所以对于技术和知识变化的领域，用户体验的设计是可以颠覆的。

一般来说，改变用户行为会引起市场的一轮洗牌。只有在大环境改变的前提下，引导用户改变习惯才能获得成功。一个典型的案例就是诺基亚——曾经的手机业霸主，面对智能手机的迅速崛起，没有把握住机会，从而逐渐走向没落。

尊重用户习惯可以快速让用户接受网站，同时也会由于网站尊重了用户的习惯而减少了产品对用户的刺激，会使得用户很难成为网站的忠实用户。另一方面，如果不尊重用户的习惯，用户可能很难马上接受，但是因为用户所熟悉的部分发生了变化，会促使用户注意刺激内容，从而激发用户对体验的欲望。所以在用户体验设计时，要根据网站具体的情况自我权衡。

通常权衡的结果就是，网站核心用户体验不变的基础上，增加新功能、设计风格逐步变化、网站整体融合。

1.6 如何设计用户体验

体验是人的主观感觉，设计体验要根据不同的行业、不同的产品、产品的不同层面而进行不同的设计。设计方法和设计过程也不相同。

1.6.1 用户体验的生命周期模型

从用户体验的过程来说，设计者总期望体验是一个循环的、长期的过程，而不是直线的、一次性的。好的用户体验能够吸引人，让人再次来使用，并逐步形成忠诚度，告知并影响他们的朋友；而不好的用户体验，会使网站逐渐失去客户，甚至会由于传播的原因，失去一批潜在的客户。

具有良好用户体验的网站，即使页面中存在一些交互问题，也不会影响用户继续支持该网站。

网站吸引人是用户体验的第一步，接下来通过明喻和隐喻的设计语义，让用户尽量少看帮助文件就能找到自己感兴趣的内容，进一步熟悉网站的操作。

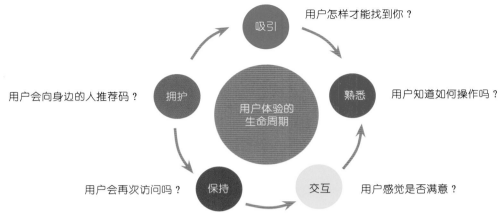

用户体验的生命周期模型

（1）网站吸引人是用户体验的第一步，网站靠什么吸引人是用户体验设计首先要考虑的问题。

（2）通过明喻和隐喻的设计语义，让用户在不看说明书的前提下轻松访问网站，进一步熟悉网站。

（3）在用户与网站的交互过程中，用户的感觉如何，是否满足生理和心理的需要，充分验证了网站的可用性。

（4）用户访问该网站后，还会继续使用或放弃？

（5）用户是否形成忠诚度，并向其身边的人推荐该站点，也是用户体验设计的关键点。

1.6.2 用户体验需要满足的层次

用户体验可以分为五个需求层次：感觉需求→交互需求→情感需求→社会需求→自我需求，这五个需求层次是逐层增高的。

● 感觉需求

所谓的感觉需求指的是用户对于产品的五官需求，包括视觉、听觉、触觉、嗅觉和味觉等，是对产品或系统的第一感觉。对于网站来说，通常只有视觉、听觉和触觉三种需求。

网页的可用性可以分为外观可用性和内在可用性两种。外观可用性是指一个网站带给浏览者的外观感觉，通常涉及审美方面的问题；而内在可用性指的是传统意义上的可用性。外观可用性和内在可用性既存在着不同，又有一定的一致性，综合处理好两点的关系可以使网站具有更好的用户体验。

● 交互需求

交互需求指的是人与网站系统交互过程中的需求，包括完成任务的时间和效率、是否流畅顺利、是否报错等。网页的可用性关注的是用户的交互需求，包括网站页面在操作时的学习性、效率性、记忆性、容错率和满意度等。交互需求关注的是交互过程是否顺畅，用户是否可以简单快捷地完成任务。

● 情感需求

情感需求指的用户在操作浏览网站的过程中产生的情感，例如在网站浏览的过程中感受到互动和乐趣。情感强调页面的设计感、故事感、交互感、娱乐感和意义感。要对用户有足够的吸引力、动力和趣味性。

● **社会需求**

在满足基本的感觉需求、交互需求和情感需求后，人们通常要追求更高层次的需求，往往会对某一品牌或站点情有独钟，希望得到社会对自己的认可。例如越来越多的人选择在新浪网上开通个人微博，发布个人日志，希望以此获得社会的关注。

● **自我需求**

自我需求是网站如何满足用户自我个性的需求，包括追求新奇、个性的张扬和自我实现等。对于网页设计来说，需要考虑允许用户个性化定制设计或者自适应设计，以满足不同用户的多样化、个性化的需求。例如网站页面允许用户更改背景颜色、背景图片和文字大小等都属于页面定制。

一个成功的网站必须包含三种可用性：必须有的、更多且更好的和具有吸引力的。这三种可用性都会直接影响到浏览者的满意度。

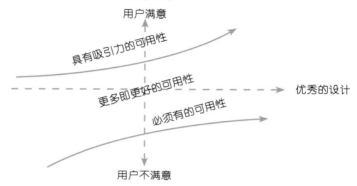

必须有的可用性代表用户希望从网站中获得的资讯内容，也就是网站最基本该具有的可用性。如果页面中没有出现"必须有"的要素，就会直接导致浏览者满意度下降。更多且更好的可用性对用户满意度具有线性影响，即这种可用性越高，顾客就越满意。具有吸引力的可用性可以使一个网站在同类型站点中脱颖而出，提供较高的用户满意度。

　　一个网站要想在商业上获得成功，至少要拥有"必须有"的可用性。可用性虽然不能提高网站的整体竞争力，但确是提高顾客满意度的必要条件。"更多且更好"的可用性可以使网站与竞争网站保持同一水平。"具有吸引力"的可用性则是网站从同类型网站中脱颖而出的主要原因。

1.7　网页用户体验的层面

一般的用户都有网上购物的经验：首先登录购物网站，然后通过搜索引擎或者菜单引导找到需要的产品，下单并填写各种信息后，即可收到预定的产品。这个过程由大大小小的决策组成，这些决策彼此依赖又相互影响，同时也影响着用户体验的各个方面。为了确保用户在网站上的所有体验都控制在意料之中，在用户体验的整个开发过程中，要考虑用户在网站中有可能采用的每一步的每一种可能性，这样可以最大程度满足用户的需求。

1.7.1　用户体验的五个层面

可以把设计用户体验的工作分解成五个层面，用来帮助设计师更好地解决问题。分别是表现层、框架层、结构层、范围层和战略层。

● 表现层

表现层通常指的是用户可以直接看到的内容，一般由图片和文字组成。通过点击图片
或文字执行某种功能。例如进入新闻页面或视频播放页面。也有一些内容只是作为展示使用，
用来说明内容或美化页面。

● 框架层

框架层主要用于优化设计布局，以方便用户快速、准确地找到需要的内容。通常指的
是按钮、表格、照片和文本区域的位置。例如在购物页面中可以轻松找到购物车的按钮，
在浏览相簿时快速查看多张图片。

● 结构层

框架层是页面结构的具体表达方式，用来向用户展示页面内容，提高访问效率。而用
户先访问什么，后访问什么，访问某个页面后会触发某个页面这样的交互效果，则是通过
结构层完成的。

结构层主要用来设计用户如何达到某个页面，并在完成操作后能去的页面。框架层定
义了导航条上各项的排列方式，允许用户自由选择浏览的内容；结构层则决定了这些内容
出现在哪里。

● 范围层

结构层确定了网站不同特性和功能的组合方式。而这些特性和功能就构成了网站的范
围层。例如在购物网站有过一次购物经历后，该用户的姓名、地址和联系方式都被保存下来，
以便下次再次使用。这个功能是否应该成为网站功能的一部分，就属于范围层要解决的问题。

● 战略层

战略层可以理解为网站创建者的战略目标。这个目标包括了网站经营者想从网站得到什么，还包括了用户想从网站得到什么。对于一般的电子商务网站来说，战略目标显而易见：用户希望通过网站购买商品，而网站想要卖出它们。

1.7.2 如何实现好的用户体验

用户体验的五个层面包括战略、范围、结构、框架和表现，由下向上为网站提供了一个基本的框架。接下来以这个框架为基础继续添加完善内容，以获得更为丰富的用户体验。

在每一个层面中，用户要处理的问题都很具体。在最低的层面，完全不用考虑网站的最终效果，只需要把重点放在是否满足网站的战略目的上。在最高的层面上，则只需要关心最终所呈现的页面效果即可。

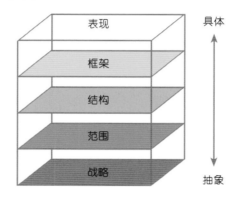

随着层面的上升，设计师要做的决策会越来越具体，而且要求的内容也会越来越精细。通常每个层面的内容都是根据它下面的那个层面来决定的。例如表现层由框架层来决定，框架层则要建立在结构层的基础上，结构层的设计基于范围层，范围层要根据战略层来制定。

如果设计师做出的决定没有使上下层面保持一致，项目通常会偏离正常的轨道。这样的后果就会造成开发日期延迟，开发费用超支等情况。而且就算开发团队将各种不匹配的元素拼凑在一起，勉强上线，也不会受到用户的欢迎。

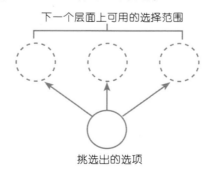

提示　　在设计用户体验时，要充分考虑层面上的这种"连锁效应"，也就是说在选择每一个层面上的内容时，都要充分考虑其下层面中所确定的内容。每一个层面的决定都会直接影响到它之上层面的可用选项。

在设计的过程中，"较低层面"上的决策不一定都必须在设计"较高层面"之前做出。在"较高层面"中的决定优势会促使对"较低层面"决策的一次重新评估。在每一个层面，都要根据竞争对手所做的变化、行业最佳的实践效果做出修改。在知道建筑的基本形状之前，不能先为其盖一个屋顶。

提示　任何一个层面中的工作都不能在其下层面的工作完成之前结束。在开始"较高层面"设计之前，要完全确定"较低层面"的话，几乎可以肯定的是，你已经把网站项目放在了一个极其危险的境地。

1.8　网页用户体验的原则

在开始设计网页之前，首先要经过深思熟虑，多参考同行的页面，汲取前人的经验教训，然后在纸上写下来。随着工作经验的积累，设计、架构、软件工程以及可用性方面都会积累很多有益的经验，这些经验可以帮助我们避免犯前人所犯的错误。

创建网站时，可以通过遵守以下 8 个原则，以获得好的用户体验。

● 标示引导设计

对于一个刚刚进入网站的用户，为了确保能够找到他们感兴趣的内容，通常需要了解 4 个方面的内容。

1. 他们身在何处

首先通过醒目的标示以及一些细小的设计提示来指示位置。例如 Logo 图标，提醒访问者正在浏览哪一个网站；也可以通过面包屑轨迹或一个视觉标志，告诉访问者处于站点中的位置。当然简明的页面标题，也是指出浏览者当前浏览什么页面的好方法。

醒目的标识 →

面包屑轨迹 →

简明的页面标题

2. 他们要寻找的内容在哪里

在设计网站导航系统时，要问问自己："访问这个网站的人究竟想要得到什么？"，还要进一步考虑"希望访问者可以快速找到哪些内容？"。确认了这些问题并将它们呈现在页面上，会对提高用户体验的满意度有很大帮助。

会员入口 →

← 网站寻找的内容

3. 怎么样才能得到这些内容

"怎样才能得到？"可以通过巧妙的导航设计来实现。将类似的链接分组放在一起，并给出清晰的文字标签。通过特殊的设计，例如下划线、加粗或者特效字体使其看起来是可以单击的，以起到好的导航作用。

4. 他们已经找过哪些地方

这一点通常是通过区分链接的"过去"和"现在"状态来实现。要显示出被单击过的链接，这种链接被称为"已访问链接"。通常的做法是将访问过的链接设置一种新的颜色，用来保证用户不在同一区域反复寻找。

● 设置期望并提供反馈

用户在网页上单击链接、按下按钮或者提交表单时，并不知道将出现什么情况。这就需要设计者为每一个动作设定相应的期望，并清楚地显示这些动作的结果。同时时刻提醒用户正处在过程中的阶段也很重要。

例如在淘宝网站上购物时，鼠标移动到按钮上悬停时，会出现单击后将出现的页面提示，这种效果可以很好地满足用户的期望。

提供反馈

> **提示** 有时候用户必须等待一个过程完成，而这可能会耗费一些时间。为了让用户知道这是由于他们的计算机运行太慢造成的这种等待，可以通过提示信息或动画提醒用户，以避免用户由于等待产生焦虑。

● 基于人类工程学设计

浏览网页的用户数以亿计，每个人的情况都不相同，为了使这些用户的用户体验保持一致，在设计页面的时候也要充分考虑人体器官：手、眼睛和耳朵的感受。

例如根据大多数人都是右手拿鼠标的习惯，为页面右侧增加一些快速访问的导航。针对眼睛进行设计时，要考虑到全盲、色盲、近视和远视的情况。设计网站时，要确认网站的主题客户是视力极佳的年轻人，还是视力模糊的老年人。然后确定网站中的文字大小。针对耳朵进行设计时，不仅要考虑到聋人，还要考虑到人在嘈杂环境中倾听的情况，保证背景音乐不会让上网的人感到厌烦。

● 与标准保持一致

一致的标签和设计给人一种专业的感觉。在设计页面时，首先要明确你的网站有哪些约定，想打破这些常规一定要三思而行。同时还要通过事先制定的样式指南约束设计师，以确保设计风格保持一致。

将核心内容放置在页面右侧

提供纠错支持

为了避免用户在浏览网页时出现不能处理的错误，而产生悲观情绪，可以在页面中设计预防、保护和通知功能。

首先是通过在页面添加注释，明确地告诉用户选择的条件和要求，避免出现错误。例如用户的注册页面。也可以通过添加暂存功能保护用户的信息，例如 E-mail 的保存草稿功能。当用户在操作时出现错误时，要及时以一种客观的语气明确地告诉用户发生了什么状况，并尽力帮助用户恢复正常。例如未能正确输入用户信息等。

添加注释  错误提示

靠辨识而非记忆

对于互联网上的用户来说，大多数人的记忆是不可靠的。大量的数据如果只通过记忆保存是很难实现的。在设计页面时可以通过计算机擅长的记忆功能帮助用户记忆。例如用户登录后的用户名和搜索过的内容等。并且通过滚动的功能将多个用户的多个信息记忆，以便用户查找。将记忆的压力转嫁给计算机，用户对你的网站的体验感受就会更胜一筹。

 根据输入内容自动识别

考虑到不同水平的用户

首先应该正确理解"用户"，"用户"是一个随时间而变化的真实的人，他会不断改变和学习。你的设计应该有助于用户自我提升，达到一个让他满意的级别。帮助人们上升到自己更觉理想的程度，并不需要用户都成为专家。

例如淘宝网站针对于不同的用户采用了不同的操作界面，同时又提供了丰富的辅助工具，帮助新用户购物或管理店铺，老用户则可以完善美化店铺，获得更好的销量。

● 提供上下文帮助和文档

　　用户在完成某个可能很复杂的任务时，不可避免地需要帮助，但往往又不愿请求帮助。作为设计者，要做的就是在适当的时候以最简练的方式提供适当的帮助。应当把帮助信息放在有明确标注的位置，而不要统统都放到无所不包的 Help 之下。例如为首次登录网站页面的用户制作一个简单的索引页面，引导用户快速进入网站，找到需要的内容。

帮助用户
第一时间
了解网站
功能

1.9　本章小结

　　本章主要针对网站用户体验设计的基础知识进行了介绍。通过学习读者应该基本掌握网站用户体验的基本概念和重要性。掌握用户体验设计所包含的内容。并对好的用户体验影响网站的优势有一定了解。

　　同时读者应该对设计网页用户体验的要求、用户体验的层面、用户体验的原则以及如何设计出好的用户体验网站有初步的理解，为后面的深层次学习奠定基础。

第2章　了解用户体验的要素

一个网站的好坏除了其内容外，用户在访问过程中的体验感受尤为重要。好的设计可以使用户快速找到需要的内容，反之则会使用户迷失在众多的资料中。由此可见用户体验的重要性。

2.1　网站的目标和用户需求

网站是展现企业形象、介绍产品和服务、体现企业发展战略的重要途径。所以在设计网站前，必须明确设计站点的目的和用户需求，从而做出切实可行的设计计划。

根据消费者的需求、市场的状况、企业自身的情况等进行综合分析，以"消费者（customer）"为中心，而不是以"美术"为中心进行设计规划。

从浏览者的角度来看，用户更喜欢有更多实质内容的网页，讨厌漫天广告的网页，这就是最简单的用户体验，也是最直接影响网页浏览度的因素。很多时候，用户体验直接影响到一个网站是否成功。一个不重视用户体验的网站，希望做大做强基本只是空谈。

在准备设计规划网站前，首先要考虑以下内容。

1. 网站建设的目的是什么

在开始设计网站前，一定要充分了解设计该网站的目的，也就是说网站未来将从事的主要业务。明确了网站建设的目的后，要同时对竞争对手的网站进行研究，然后再开始策划自己的网站，进行个性化的定制，满足客户需求，进行差异化竞争。

> **提示**　现在很多企业的网站随便一弄就完事了，甚至不管不问——这就是网站建设的目的性不清楚。

2. 网站的主要客户群是哪些

一般情况下网站都是针对某一类或某几类客户的。准确定位网站访问的客户群，然后再有针对地进行页面设计制作，可以为网站后期的推广工作打下基础，使网站销售工作变得容易。

3. 网站本身能提供什么样的产品和服务

了解网站提供的产品和服务对于设计工作有很大的帮助。只有深入了解网站提供的产品和服务，才可以有的放

本章知识点

- ☑ 网站的目标和用户需求
- ☑ 交互设计的内容和习惯
- ☑ 网站信息的架构
- ☑ 网站的导航设计
- ☑ 网站的视觉设计

矢，设计出与网站内容相符的效果，同时也为网站建成后的推广营销打下基础。不了解网站而盲目设计，这样的网站注定失败。

4. 网站的目标消费者和受众的特点是什么

网站的产品和服务通常会有固定的消费群体，例如化妆品和服装网站的消费者大多为女性，汽车类网站的用户则以男性居多。如果错判了网站的消费群体，则设计出来的网站很可能不受欢迎，甚至可以严重到影响网站的业绩。所以，首先了解网站的消费者和受众群体是非常必要的。

网站目的明确，受众群体明显

5. 企业产品和服务适合什么样的表现方式（风格）

儿童网站通常都色彩鲜艳，充斥大量的动画，女性网站多以温暖色为主，并以简洁方便为主要表现形式。不同的企业产品和服务通常的表现形式也不同，网站的风格决定了用户浏览网站的频率和时间长短，所以选择恰当的设计风格很重要。

网站表现风格轻松，配色简洁

2.2 交互设计的内容和习惯

简单来说，交互设计是人工制品、环境和系统的行为。交互设计首先旨在规划和描述事物的行为方式，然后描述传达这种行为的最有效形式。

从用户角度来说，交互设计是一种如何让产品方便操作、有效而让人愉悦的技术，它致力于了解目标用户和他们的期望，了解用户在同产品交互时彼此的行为，了解"人"本身的心理和行为特点。同时还包括了解各种有效的交互方式，并对它们进行增强和扩充。交互设计还涉及多个学科，以及和交互设计领域人员的沟通。

2.2.1　需要考虑的内容

UE 设计人员在进行交互设计时考虑的事情很多，绝对不是随便弄几个控件摆在那里，通常要考虑很多内容。

1. 确定需要这个功能

当看到策划文案中的一个功能时，要确定该功能是否需要。有没有更好的形式将其融入其他功能中，直至确定必须保留。

2. 选择最好的表现形式

不同的表现形式直接会影响到用户与界面的交互效果。例如对于提问功能，必须使用文本框吗？单选列表框或下拉列表是否可行？是否可以使用滑块？

3. 设定功能的大致轮廓

一个功能在页面中的位置、大小可以决定其内容是否被遮盖、是否滚动。既节省屏幕空间，又不会给用户造成输入前的心理压力。

4. 选择适当的交互方式

针对不同的功能选择恰当的交互方式，可以有助于提升整个设计的品质。例如对于一个文本框来说，是否添加辅助输入和自动完成功能？数据采用何种对齐方式？选中文本框中的内容是否显示插入光标？这些内容都是交互设计要考虑的。

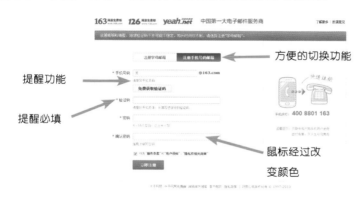

2.2.2　需要遵循的习惯

设计师在进行交互设计时，可以充分发挥个人的想象力，使页面在方便操作的前提下更加丰富美观。但是无论怎么设计，都要遵循用户的一些习惯。例如地域文化、操作习惯等。将自己化身为用户，找到用户的习惯是非常重要的。

接下来分析哪些方面要遵循用户的习惯。

1. 遵循用户的文化背景

一个群体或民族的习惯是要遵循的。如果违反了这种习惯，作品不但不会被接受，还可能使产品形象大打折扣。

2. 用户群的人体机能

不同的用户群的人体机能也不相同。例如老人一般视力下降，需要较大的字体，盲人看不到东西，要在触觉和听觉上着重设计。不考虑用户群的特定需求，任何一款产品都注定会失败。

3. 坚持以用户为中心

设计师设计出来的作品通常是被其他人使用的。所以在设计时，要坚持以用户为中心，充分考虑用户的要求，而不是以设计师本人的喜好为主。要将自己模拟为用户，融入整个产品设计中，摒弃个人的一切想法。这样才可以设计出被广大用户接受的作品。

4. 遵循用户的浏览习惯

用户在浏览网站的过程中，通常都会形成一种特定的浏览习惯。例如首先会横向浏览，然后下移一段距离后再次横向浏览，最后会在页面的左侧快速纵向浏览。这种已形成的习惯一般不会更改，在设计时最好先遵循用户的习惯，然后再从细节上进行超越。

 提示 对于正处于发展中的一些习惯，设计师就可以根据实际情况，充分发挥个人的想象力，设计出颠覆过去的作品。例如网页采用表格还是 DIV 布局和软件版本升级中的操作方式等。

2.3 网站信息的架构

人们常常形容互联网是一个信息的海洋。在现在这个信息时代，需要通过一个合适的架构构建一个承载信息的系统。

在构建系统前，首先要全面了解信息的属性。例如音乐，一首歌曲包括了歌词、旋律、时长、作者、演唱者和年代等自然属性，这些属性定义了信息的范围。了解这些后，找出其背后的逻辑，然后合理发挥到你的架构里。当然也要注意不要为了架构而架构，造成不必要的冗余。通常好的架构并不复杂，有时只是利用了信息中的某一种属性，将其发挥到极致而已。

对于互联网来说，信息的更新速度非常快，不能按照传统的方法对信息进行架构。往往是架构还没有完成，信息就已经更新了。所以根据互联网的特性，需要新的架构方式实现实时反馈，并自行优化系统。

网站中信息的架构不仅仅是呈现和索引的功能。同时将信息的产生→发行→过滤→消费→反馈形成完整的生态系统。每一个环节都会比传统方式更有效率。

经验不足的交互设计师最容易犯的错误之一就是没弄清楚问题，就盲目地出解决方案，甚至为了不靠谱的方案与同事挣得头破血流。在争执按钮上的文案时，在讨论评论分数应该用星星还是萝卜表示时，在探讨把搜索结果的过滤条件放在上面还是下面时，我们是不是要先问问自己，到底要解决什么问题，这些问题是真正要解决的吗？

2.4　网站的界面设计

　　设计师设计出的网站界面既要与网站自身保持一致，同时也要与用户已经熟悉的习惯保持一致。成功的界面设计是那些可以让用户一眼就看到"最重要的东西"的设计。不重要的东西可以忽略甚至删除。

2.4.1　什么是好的界面设计

　　一个设计良好的界面要组织好用户最常使用的行为，同时让这些界面元素用最简单的方式被获取和使用，让用户达到目标的过程变得容易。

　　在设计网站界面时，要对界面中每一个选项的默认值深思熟虑，确定大多数用户希望看到的内容，并将其默认勾选。这就意味着大部分人都会对他们所得到的记录感到满意，无论他们是否花时间去阅读帮助信息并做出自己的决定。例如注册用户时，浏览者对于网站注册协议基本忽略。况且如果不同意协议则无法注册，可以将"同意注册协议"选项默认勾选，大大提高用户注册的效率。

点击查看协议

默认已勾选

提示　　如果系统可以自动记住某一个用户最后一次的选择状态，例如最常浏览的商品，最常访问的网站等，那就是更好的用户体验了。当然这对网站建设技术有更高的要求。

2.4.2　应用技术与界面设计

　　网页中应用最多的两个技术是 HTML 和 Flash，其技术的自身局限使得我们可选择的界面选项受到限制。这同时具有好坏两个方面，坏的一面是因为它限制了设计师的发明机会——一些在传统的桌面软件中很常见的界面方式根本不可能在网页上实现。同时因为相对较小的标志控制方式，方便设计师学习并将学到的知识应用到更大范围的网站中。

　　HTML 最初只是用于简单的超级文本信息，在它发布之后没多久，人们就发现它存在提供更多交互性方面的潜力，其一小部分元素就成为标准的界面元素。

提示　　随着互联网技术的发展，Flash 技术由于其本身的一些缺陷，正在逐步退出网页动画制作的领域。而 HTML 技术却在推出 HTML 5 后功能日益强大，被越来越多地应用到网页制作中。

- **单选框**：允许用户从一组互斥的选项中选择一个。

只能选择
一组选项
中的一个

- **复选框**：允许用户独立地选择一组选项中的任意一个或多个。

```
信息展示：  ☑ 在迷你资料卡上显示业务图标
           ☑ 在迷你资料卡上显示更新摘要
           ☑ 在聊天窗口内展示好友的更新摘要
```

- **文本框**：允许用户输入文字，实现与网站后台数据的交换。

```
昵称    [                    ]  请输入昵称
密码    [                    ]
确认密码 [                    ]
```

- **下拉菜单**：提供与单选框相似的功能，但它们在一个更紧凑的空间中完成这件事，允许更有效地呈现更多的选项。

- **多选菜单**：提供和复选框相似的功能，但它们在一个更紧凑的空间中做这件事。和下拉菜单相同，多选菜单更容易支持大量的选项。

- **按钮**：可以做很多不同的事情。通常情况下，按钮可以告诉系统接受用户通过其他界面元素提交的所有信息，并用这些信息来做一些事情。

立即注册

2.4.3　关于界面元素

　　一个界面中有不同的界面元素，如何合理安排它们是界面设计中较为重要的。使用下拉菜单比使用一组单选框更能节省页面空间。但却不能让用户一眼看到所有可选的选项。如果选项较少，使用复选框表现可以降低数据库的载入负担。选项很多的情况下，还是使用下拉菜单更方便用户查找。

　　选择正确的界面元素可以使用户快速理解并使用网站功能。网站中的任务通常会横跨多个页面，每一个页面都包含了不同的界面元素。这些元素在结构上的交互设计也是网站界面设计的主要工作。

采用多选列表组，
所有选项一目了然

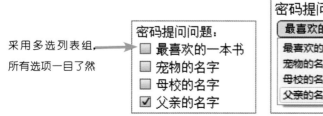

采用下拉菜单，节
省页面空间

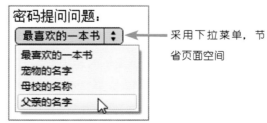

提示　界面不仅仅要从用户那里收集信息，同时还要向用户传递信息。通常是通过"说明文字"来提示用户。为了保证用户认真地阅读这些文字，设计交互时要保证系统及时给用户发送信息。

2.5　网站的导航设计

　　网页中的导航主要是为了方便用户浏览网站，快速查找所需信息。没有导航的页面会使浏览者无所适从。导航的形式看起来很简单，但其设计的过程却十分复杂。

　　导航是一个文字和分析的结合体，既要能够对文字有良好的驾驭，又要能够对产品的设计有深刻的认知。导航设计的成功是一个网站设计成功的良好开始。导航的成功除了方便用户更方便了编辑和内容制作者，他们能够对自己采集、编辑以及编撰的文字进行合理有效地分类。

2.5.1　导航设计的目标

　　导航可以设计得很简洁，也可以很精美。可以是图片，也可以是纯文字。可以在网站的顶部，也可以在网站的任何位置。但是任何一个网站的导航设计都要同时完成以下三个目标。

1．可以使用户实现在网站间跳转

　　这里所指的网站间的跳转并不是要求将所有页面都链接在一起，而是指导航必须对用户的操作起到促进的作用。也就是说用户可以真实有效地访问到某一个或某一类页面。

2．传达链接列表之间的关系

　　导航通常按照类别区分。一个类别由一个链接组成。这些链接之间有什么共同点，有什么不同点，都要在设计时充分考虑。这对用户选择适合自己的链接非常重要，可以大大提升用户体验的感受。

3．传达链接与当前页面的关系

　　导航设计必须传达出它的内容和当前浏览页面之间的关系。让用户清晰地知道其他的链接选项对于正在浏览的这个页面有什么影响。这些传达出的信息可以更好地帮助用户理解导航的分类和内容。

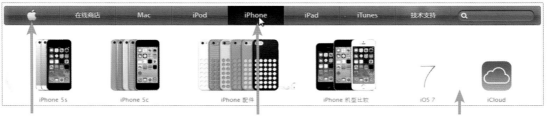

分类清晰准确　　　　　　　　　链接与当前页面关系清晰　　　　　　链接之间关系明确

2.5.2　导航的分类

　　网页中导航的作用通常是将用户从一页中带到另一页中。大部分的网站采用的都是复杂的多重导航系统，整个导航系统如果平铺开就像一张地图。接下来对几种常见的导航系统进行分析。

　🌑　**全局导航**

　　这种导航提供了覆盖整个网站的通路。使用全局导航用户可以随时从网站的最底层页面到达其他任何一类页面的关键点，不管你想去哪里，都能从全局导航中到达那里。同时需要注意，全局导航不一定会出现在网站中的每一页中。

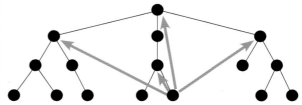

全局导航可以引导用户从最终页面到达任一页面

局部导航

局部导航可以为用户提供到附近页面的通路。通常只提供一个页面的父级、兄弟级和子级通路。这种导航方式在网站规划中会经常被使用，除了可以清楚地引导用户访问页面外，还可以以一种潜移默化的方式引导用户理解网站的多层结构。有点类似于网站中的面包屑效果。

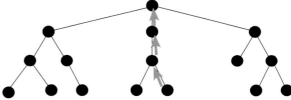

引导用户访问某一个访问点附近的页面

辅助导航

辅助导航为用户提供了全局导航或局部导航不能快速达到的内容的快捷途径。使用这种导航，用户可以随时转移到他们感兴趣的地方，而不需要从头开始。例如经常出现在页面两侧的快速导航条。

帮助用户快速访问网站中感兴趣的地方

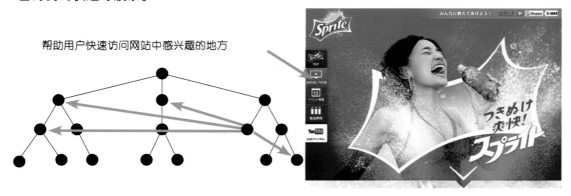

> **提示** 辅助导航的种类很多，在页面中的位置也很自由。其主要目的是将网站中的重要内容或特色内容集中展示在页面明显位置，以方便用户浏览。

上下文导航

　　用户在阅读文本的时候，恰恰是他们需要上下文辅助信息的时候。准确地理解用户的需求，在他们阅读的时候提供一些链接（例如文字链接），要比用户使用搜索和全局导航更高效。

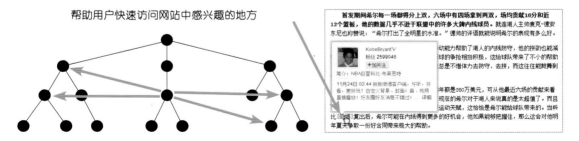

帮助用户快速访问网站中感兴趣的地方

友好导航

　　友好导航提供给用户的是他们通常不需要的链接，这种链接作为一种便利的途径来使用。这种信息并不总有用，但却可以在用户需要的时候快速有效地帮助到他们。页面中的联系信息、法律声明和调查表等链接都属于友好导航的一部分。

　　　　网站中的一些导航并没有包含在页面结构中，而是以它们自己的方式存在，独立于网站的内容或功能。这种导航称为远程导航工具。通过远程导航用户可以快速了解网站的使用方法和常见问题的解决方法。

网站地图

　　网站地图是一种常见的远程导航工具，它为用户提供了一个简单明了的网站整体结构图。方便用户快速浏览网站中的各个页面。网站地图通常作为网站的一个分级概要出现，提供所有一级导航的链接，并与所有的显示的、主要的二级导航链接起来。而且网站地图通常不会显示超过两个层级的导航。

企业网站地图

● **索引表**

　　索引表是按照字母顺序排列的、链接到相关页面的列表，它与一些书籍最后所列的索引表基本一样。这种类型工具比较适合不同主题、内容丰富的网站。索引表有时是为了网站的某个部分单独存在，而不是去覆盖整个网站。对于网站试图相对独立地服务于拥有不同信息需求的用户，索引表会非常有用。

不同类别游戏
索引列表

同类游戏
显示列表

游戏网站游戏索引列表

2.6 搞定信息设计

　　一个完整的网站中通常包含着各种丰富的信息。大量的信息给网站设计规划带来很大的压力。通过信息设计可以决定信息的呈现方法，将这些信息很好地组合在一起，方便用户快速理解。

　　将收集到的信息整理分组，既有利于网站后台程序的管理，也更方便用户理解这些信息内容。接下来通过整理注册用户的信息，来说明信息设计的重要性。

　　一般用户注册信息有以下内容。

- 省份
- 电话
- 地址
- 姓名
- 职称
- 性别
- 邮政编码
- 所在城市
- E-mail 地址

　　这些信息内容太多，用户阅读起来很不方便。可以通过调整顺序实现较好的表现方法。

- 姓名
- 性别
- 职称
- 省份
- 所在城市
- 地址

- 邮政编码
- 电话
- E-mail 地址

根据信息的内容作用可以进一步整理，得到下面的组合方式。

- 个人信息
  * 姓名
  * 性别
  * 职称
- 联系方式
  * 省份
  * 所在城市
  * 邮政编码
  * 地址
- 其他联系方式
  * 电话
  * E-mail 地址

> **提示**　要用一种能反映用户思路和引导完成用户目标的方式来分类和排列信息元素。这些元素之间的概念关系属于信息架构的一部分。通过信息设计可以使用户更好地理解网站信息的层次和结构，更有利于用户得到想要的信息。

2.7 使用线框图

线框图也称为页面示意图，通常是一个展示页面布局的文档。这个文档将信息设计、界面设计和导航设计放置在一起，形成一个统一的、有内在凝聚力的架构。这个页面中必须包含所有类型的导航系统，任何一个在这个页面上的功能所需要的所有界面元素，以及支持这些内容的信息设计。

包含各种导航设计

线框图中包含了网页各部分不同程度的细节

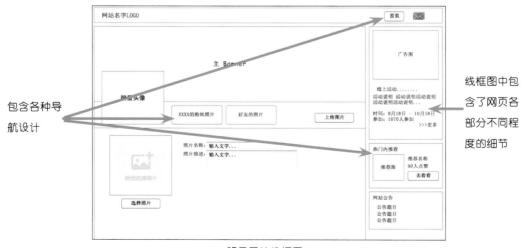

明星网站线框图

通过线框图可以将策划的网站内容呈现出来。通过结合导航规格，可以更详细、更准确地描述各种导航元素的每一个组成部分。

对于小型的网站，使用一个线框图即可将一个页面中的信息表现出来，轻松建立网页模板。但对于较复杂的项目来说，则需要使用多个线框图来传达复杂的预期结果。

> **提示**
>
> 并不需要为网站中的每一个页面绘制线框图。可以根据页面分类的不同绘制不同的线框图，对整个页面结构加以引导说明即可。太多的线框图对于界面设计有一定的束缚。

在正式建立网站的视觉设计流程中，通常会首先绘制线框图。因为网站建设中的每一个参与者都会使用它。设计师可以借助线框图来保证最终产品可以满足他们的期望。网站负责人则可以使用线框图来讨论关于网站应该如何运作的问题。

随着用户体验领域的不断成熟和发展，线框图越来越被网站研发团队所重视。为了更好地发挥它的功效，避免工作上的摩擦，一些团队会将线框图的工作分为独立的两部分，分别由信息架构师和设计师来完成。通过两方的共同协作完成线框图的绘制，同时在绘制过程中，双方都可以站在对方的角度上看待问题，并且在整个过程中可以及时发现问题并解决掉。

线框图可以确定一个建立在基本概念结构上的架构，同时为网站页面视觉设计指出了方向。通过安排和选择界面元素来整合界面设计；通过识别和定义核心导航系统整合导航设计；通过放置和排列信息组成部分的优先级来整合信息设计。

根据线框图
设计的页面

2.8　网站的视觉设计

人的视觉浏览是有一定规律的，如果按照人的浏览习惯来设计布局页面，可以很有效地提高用户的注意力。当然通过在设计中运用对比可以有效地吸引用户按照设计者的设定访问页面。

2.8.1　网页设计中的对比

太过单调平凡的页面会使浏览者视线游离。在网页视觉设计中，通过合理运用对比，可以成功吸引浏览者注意到界面中的关键部分。页面中使用对比可以帮助用户理解页面导航元素之间的关系。同时，对比还是传达信息设计中的概念群组的主要手段。

在对比的使用中，最常用的就是颜色的对比。通过给文本设置不同的颜色或使用一个醒目的图形，使它们突显出来，就可以让整个界面与众不同。

使用颜色对比突出页面重点元素

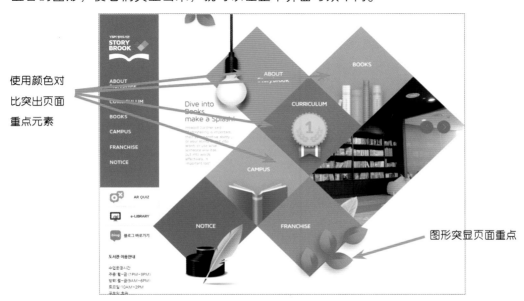

图形突显页面重点

> 使用对比时要让"对比差异"足够清晰。只有两个设计元素看起来相似又不太一样的时候，才会抓住用户的目光，吸引到他们的注意。

2.8.2　网页设计中的一致性

页面设计中的另一个重点就是设计的一致性。所谓一致性指的是页面中的重要部分保持一致，包括位置、尺寸或颜色。这样更有利于浏览者快速理解并接受网站内容，而不至于迷惑或焦虑。

将界面中的同类视觉元素的大小保持一致的尺寸，可以方便设计师在需要的时候调整组合方式，得到一个新的设计方案。界面中同类的视觉元素采用相似的颜色，除了可以更方便用户查找相关信息外，还对于平衡页面重量和质感有很重要的作用。而且同类元素摆放位置的高度也会对页面布局的好坏产生影响。

菜单排列整
齐一致

采用同样的颜
色搭配，平衡
页面

标题使用相同的
颜色，对比强烈
又具有一致性

中性色突
出质感

　　关于设计的一致性要考虑两个方面：一个方面是网站中其他页面中的设计是否一致；另一方面网站设计是否与企业其他设计达成一致。网站内容的一致性处理方法很简单，在设计最初页面时，就将页面的一些共用部分确定下来。例如按钮、导航条、项目条、字体大小和字体颜色等。在设计其他页面时，都采用确定了的设计，这样可以保证同一个站点中所有页面的风格一致。可以在页面选图和细节部分稍作调整，使每个单页面有自己的特点。

不同页面中使用相
同的视觉元素

　　即使将网站中大多数的设计元素相对独立地设计出来，它们最终还是要放在一起的。一个成功的设计不仅仅是收集小巧的、精心设计的东西，同时要能利用这些东西形成一个系统，作为一个有凝聚力、连贯的整体来使用。

2.9 网站的配色方案

　　色彩是浏览者打开网页后首先注意到的。每个品牌都有属于自己的标准色，品牌网站的成功与色彩的使用有着直接的关系。

　　网站的主色最好选择与企业标准色或行业标准色一致。例如联想公司的网站大都选择蓝色作为主色，可口可乐公司则使用红色作为主色，数码摄影网站和汽车网站大多都是采用黑色作为主色。常年坚持使用同一种很特别的颜色，会为浏览者带来强烈的视觉刺激，同时在脑海中留下强烈的感觉。

以下是依照行业的特点所归纳出来的行业形象色彩表：

色　系	符合的行业形象
红色系	食品、电器、计算机、电器电子、餐厅、眼镜、化妆品、消防军警、照相、光学、服务、衣帽百货、医疗药品
橙色系	百货、食品、建筑、石化
黄色系	房屋、水果、房地产买卖、中介、秘书、古董、农业、照明、化工、电气、设计、当铺
咖啡色系	律师、法官、机械买卖、土产业、土地买卖、丧葬业、鉴定师、会计师、石板石器、水泥、防水业、企业顾问、秘书、经销代理商、建筑建材、沙石业、农场、人才事业、鞋业、皮革业
绿色系	艺术、文教出版、印刷、书店、花艺、蔬果、文具、园艺、教育、金融、药草、作家、公务界、政治、司法、音乐、服饰纺织、纸业、素食业、造景
蓝色系	运输业、水族馆、渔业、观光业、加油站、传播、航空、进出口贸易、药品、化工、体育用品、航海、水利、导游、旅行业、冷饮、海产、冷冻业、游览公司、运输、休闲事业、演艺事业、唱片业
紫色系	美发、化妆美容、服饰、装饰品、手工艺、百货
黑色系	丧葬业、汽车业
白色系	保险、律师、金融银行、企管、证券、珠宝业、武术、网站经营、电子商务、汽车界、交通界、科学界、医疗、机械、科技、模具仪器、金属加工、钟表

确定主色以后，还要根据网站类型选择辅色和文本的颜色。一套完整的配色方案应该是将整合的颜色应用到网站的广泛范围中。在大多数情况下，可以将靓丽的颜色应用到前景色设计中，以吸引更多人注意。将暗淡的色彩应用到那些不需要跳出页面的背景元素中。

 提示

网站的配色在网站建设中扮演着非常重要的角色。同色系的颜色搭配加上中性色调和是最简单的配色方案。如果想增加页面的对比，可以使用差别较大的补色搭配，只需要降低补色的亮度或纯度即可。也可以利用对比色面积的对比实现好的配色方案。

红绿补色搭配，
突显页面主题。
大面积的红色与
小面积绿色搭配
并不显得突兀

中性色文字补充页
面，缓解冲突

核心图选择主色同
色系

文字颜色采用邻色
搭配，色调一致但
对比不强烈

采用同色系搭
配，页面效果
协调

2.10 网页的排版方案

　　网页中的排版包括文字和版式两部分。根据网站类型的不同选择不同的字体可以更好
地表现网站内容，传达设计意图。一些大型公司的网站通常会使用定制的字体或字形，并
且将这种字体或字形沿用到公司的其他品牌中，这样更容易树立一致的公司形象。

　　由于计算机屏幕的分辨率有限，所以不能正确显示所有字体。一些字体在纸材质上可
以很好显示，但在屏幕上就变得非常难阅读。所以一些可以在屏幕上清晰阅读的字体就成
为网页设计的新宠，例如微软的 Georgia 和 Verdana 字体，逐渐取代了 Arial 或 Times New
Roman 之类的字体。

Arial Georgia
Times New Roman
verdana

　　设计页面需要传达不同的信息时，才使用不同风格的字体，而且风格之间要有足够的对比，这样才能吸引用户的注意。例如页面中所有的栏目可以使用同一种字体。风格独特的字体可以为页面增加更好的视觉效果。但是也要注意，同一个页面中不要使用多种字体，这样做的后果是使整个页面看起来凌乱，视觉效果涣散。

标题文字，轻松
说明主题

文字标志，增
加记忆点

特殊风格文字，吸
引用户

　　网页设计者可以通过字体表达设计中的情感。粗体字强壮有力，有男性的特点，比较适合机械和建筑等行业内容的网站。细字体高雅细致，有女性特征，更适合服装、化妆品和食品等行业内容的网站。在同一个页面中，字体种类少，版面雅致，感觉比较稳定。字体种类多，整个版面效果活跃，丰富多彩。

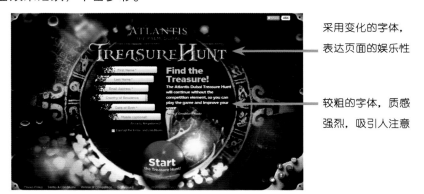

采用变化的字体，
表达页面的娱乐性

较粗的字体，质感
强烈，吸引人注意

　　行距的变化也会对文本的可读性产生很大影响。一般情况下，接近字体尺寸的行距设置比较适合正文。行距的常规比率为 10:12，也就是字体如果是 10 点，则行距设置为 12 点。适当的行距会形成一条明显的水平空白带，以引导浏览者的目光，而行距过窄会使页面显得过于拥挤，过宽则会使一行文字失去较好的延续性。

较宽的行距，使得
整个页面看起来休
闲味道浓厚

细字体，页面效果
细腻，适合牛奶产
品的宣传

2.11 用户体验要素的应用

决定用户体验的要素有很多，合理应用这些要素可以设计出完美的网页效果。但实际的设计工作中包含了太多未知的因素，这些因素直接或间接地影响设计师的设计，接下来针对这些因素进行讲解。

2.11.1 由现状决定的设计

在实际工作中，设计师的地位越来越被贬值。随便的一个人在社会培训班上了两个星期出来就叫"设计师"。设计师的位置越来越趋于边缘化，也越来越贬值。

一个合格的用户体验设计师要考虑的内容很多，除了要考虑界面的层面，还要关注操作流程的可用性。一个看似简单的页面背后包含了很多复杂的内容，这绝对不是掌握了几个软件就能胜任的。

对于设计师或想成为设计师的人来说，目前的现状是无法改变的，我们只能在迎合客户的前提下，尽可能考虑一些内在的东西。作为设计师，思考的深度会决定设计本身在企业中的权力，也会提升设计本身的含金量。

2.11.2 由模仿决定的设计

在成为成熟的设计师之前，可以先通过模仿其他成功网站的方式设计页面。但是模仿也绝对不是照搬其他网站的设计。因为每个成功的网站都有其独特之处，且并不适用于所有网站的设计。

要首先对被模仿的网站进行深度分析理解，了解其用户体验和交互设计。找到与自己网站相似的地方，再模仿设计。千万不能全盘照搬，这样设计出来的网站常常会结构混乱，毫无特色。

 有一点需要注意，模仿网站是模仿网站的信息结构和交换，并不是全盘照抄。就算是同一类型的网站，也会由于其内容和面向对象的不同，需要不同的设计方案。

2.11.3 由领导决定的设计

网站设计完成后是否合格，通常都会由设计总监或项目总监把关。通过后再交给甲方负责人审阅。所以在设计页面时也要充分考虑领导对于网站设计的影响，否则很可能修改多次后依然不通过。

策划人员在收集网站各种信息时，也要同时收集甲方领导的个人信息及个人喜好。年龄、性别和教育背景都是影响设计效果的因素。事先充分考虑了决策者的意见，会在后期的修改过程中减少反复，提高通过率。

2.12　本章小结

　　本章针对用户体验的要素进行了介绍，了解网站交互设计和信息架构的基础知识，并针对网站中的导航设计、信息设计和视觉设计等要点进行讲解。通过学习读者应该了解设计网站中包含的内容是什么，同时将所学的知识点充分理解，为以后的学习打下基础。

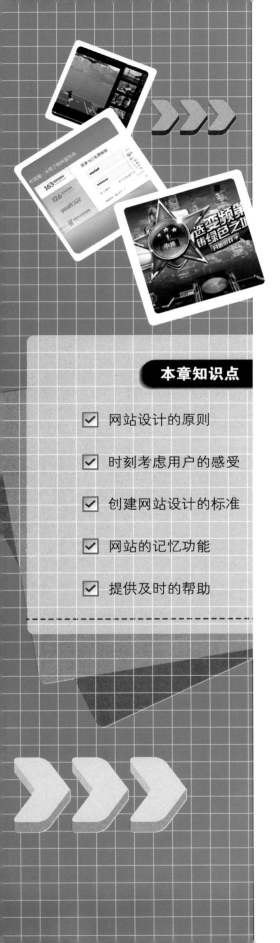

第 3 章 网站建设的原则

设计网站的第一步就是设计师在纸上通过手绘的方式绘制出网站的雏形。这个过程通常需要设计师深思熟虑，充分考虑网站内容并吸取前人的经验教训。当然还应用遵守一些网站建设的基本原则。

3.1 为网站设计好的引导系统

网站中包含了很多内容，如何让用户快速找到自己感兴趣的内容是一个网站成功的关键。这就需要网站有一套完美成熟的信息架构。

为网站提供实用的标识引导可以使用户快速了解当前在网站的什么位置，用户想要访问的位置在哪里，如何到达想去的地方以及曾经搜寻过哪里。

3.1.1 了解当前位置

只有浏览者清楚自己当前的位置，才能顺利地去到其他页面中，在设计页面时可以通过一些细小的设计提示来指示位置，通常使用 Logo 图标、面包屑轨迹、页面标题三种方式。

- Logo 图标：通过图标的出现可以随时向浏览者传达"你在访问哪一个网站"的信息。
- 面包屑轨迹：通过面包屑轨迹可以告诉浏览者在网站中的什么位置。
- 页面标题：一个简单明确的页面标题，不需要过大，但也可以告诉浏览者在浏览什么页面。

网站 Logo 告诉用户当前访问的网站

页面标题告诉用户当前访问的页面

面包屑轨迹提醒用户当前所在的页面

通过不同的方式告诉用户当前的位置

本章知识点

- ☑ 网站设计的原则
- ☑ 时刻考虑用户的感受
- ☑ 创建网站设计的标准
- ☑ 网站的记忆功能
- ☑ 提供及时的帮助

提示　面包屑的概念来源于《格林童话》，为了避免贫穷的父母把自己和弟弟遗弃，聪明的哥哥在回家的路上洒满了面包屑。最后沿着面包屑的轨迹顺利回到了家。使用这个工具可以方便用户扩大搜索范围。

3.1.2　用户想要访问的地方

通常用户进入一个网站，都有一个特点的目标，例如购买一件商品、发表一篇微博或注册一个会员等。怎么能够让用户快速找到想要访问的链接对于网页设计来说是非常重要的。用户可以随时进入想要访问的页面。

广告位可以帮助用户随时进入网站促销的页面

京东和当当都是购物网站，设计风格完全不同，但两者都同时在页面的左侧放置了一个商品分类导航条。用户可以在这个导航条中快速找到自己感兴趣的商品

网站的右侧都通过标签的方式将一些常用的功能组合在一起，方便用户查找访问

3.1.3　如何到达想要访问的地方

使用户到达要访问的地方可以通过巧妙的导航设计实现。通过清晰的文字标签，将链接的含义表现出来，并将类似的链接分组放在一起，通过上下文得出其含义，更方便用户访问。而且好的导航设计中，链接看上去是可以单击的。关于导航的设计将在本书的第 4 章中详细介绍。

3.1.4　曾经搜索过的位置

网页中的内容非常多，要是访问者不知道自己曾经去过哪里，那是一件非常残酷的事情。这种情况的后果会导致浏览者不得不在同一个区域中反复搜寻。为了避免这种情况，在网页设计中通常将链接分为"过去"和"现在"的状态，将单击过的链接用另外一种颜色显示，这种链接被称为"已访问链接"。

根据设计网站风格的不同，设计师可以将"已访问链接"设置为不同的颜色。

表示浏览者当前位置

未访问链接

浏览者访问过的链接
正要准备访问的链接

3.2 让用户随时知道结果

用户在单击链接、提交表单或按下按钮时，如果不知道将会发生什么，那会严重影响用户的访问体验。所以设计师在设计时要为每一个动作设定相应的期望，并清楚地显示动作的结果，保证用户随时掌握最新情况。

3.2.1 让用户时刻掌控动作

网页中的动作有很多种。简单的只要单击即可完成。相对复杂的则需要单击几次甚至多次。无论动作是简单还是复杂，都要让用户清楚动作是否最终发生。也就是说在动作真正发生之前，要让用户知道动作尚未发生。

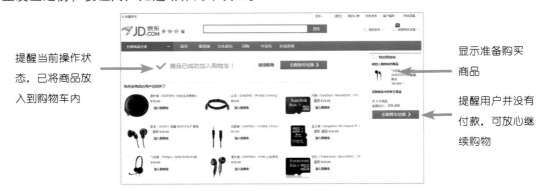

提醒当前操作状态，已将商品放入到购物车内

显示准备购买商品

提醒用户并没有付款，可放心继续购物

3.2.2 提醒用户所处阶段

用户在访问过程中激活一些动作后，可能需要等待一段时间；在购物的过程中需要完成从购物到付款的整个过程。提醒用户正处在过程中的哪个阶段，可以有效减少用户的焦虑，提高用户的体验感受。通常采用的方法是采用动画提醒和文字提示的方法。

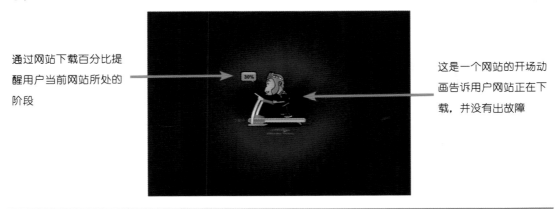

通过网站下载百分比提醒用户当前网站所处的阶段

这是一个网站的开场动画告诉用户网站正在下载，并没有出故障

3.3 基于人体工程学设计

网站的用户很多，男女老少都有。而且每个人自身的条件都不同，例如身体、体重和视力等。同时每个人也会有不同的访问习惯。怎样才能使设计出来的网站被大多数人接受并喜爱呢？在设计中考虑人体工程学是不错的选择。

3.3.1　考虑用户操作的便捷

人们通常使用手进行访问网站的操作，而且大部分人都是使用右手。所以在设计页面中要考虑为大多数人的便捷提供服务。例如将一些常用的导航放置在页面的右侧，或在页面的右侧添加一些快捷链接的设计等。同时如果可以再考虑一些使用左手访问的用户的需求，那这个网站的体验感受就会有所提升。当然，一个成熟的网站也要考虑一些残疾人的需求，例如加入语音控制功能等。

将页面导航放在页面的左侧位置。虽然不是最左侧，但页面中间的位置更照顾了使用右手的用户

页面右侧给出了网站内容的快速链接。方便大部分用户使用右手滚动鼠标滚轴查看页面

3.3.2　考虑用户视觉的体验

针对视觉的体验，要考虑到全盲、色盲、近视、远视和老花等多种情况。对于面对所有用户的网站，在使用页面字体时，要尽量使用一种大小适中，易于阅读的字体。这样可以保证每一个人都能顺利浏览网页。无论是老人还是孩子，近视还是远视。

采用了柔和的圆边文字，虽然颜色与背景也比较接近，但放大了字号后也不影响用户浏览

为了突显婚纱摄影的浪漫感觉，页面中采用了较小且细的字体。同时颜色也使用了灰色。页面效果漂亮却忽略了一些视觉不好的用户，整个页面看起来一片模糊

采用较粗的黑体，突显网站的大气磅礴。增加企业的可信度

页面为了追求精致，采用较小的字体。视力不好的用户体验效果不好

提 示　在设计页面之前，一定要首先研究网站所面对的主要用户群。然后再根据不同的人群设计不同风格的页面。不要一味追求美观，而忽略了用户在访问网站时的视觉体验。

3.3.3　考虑用户听觉的体验

针对听觉进行设计时，不仅要考虑正常人和聋人的体验，还要考虑用户所在环境对人倾听的影响。在一个安静的环境中打开一个网页，会被忽然传出来的背景音乐吓一跳。而且网站不断循环的背景音乐会想让网站的访问者有赶紧离开的冲动。

通常很多网站都提供背景音乐的服务，但默认情况下是关闭状态，用户可以自己选择是否收听。

无法控制的音乐，通常只能让用户选择匆匆关闭网站页面

页面中加入了大气磅礴的背景音乐。但一直循环播放，而且不能关闭，给用户带来很大困扰

3.4　创建网站设计的标准

用户在访问网站之前，通常在心里已经对该网站有了一个大概的预期。如果打开页面后与预期相差较大，就会给用户带来一定的心理落差，影响用户体验。

如果没有十足的把握，不要尝试违背已经成熟的网页设计标准。例如通常网站都是垂直滚动访问，改变为横线滚动会很有新意，但使用多了就会发现这种操作方法与常规操作格格不入，非常不方便。

提　示　　　一个大型的网站通常是由几个设计师协作完成的。为了使设计风格保持一致，在设计之前要先设定一个设计指南，对各种通用内容进行约束，然后再各自设计。

优酷网

两个互为竞争对手的网站在视频播放界面的布局上惊人的相似。因为这种布局方式已经被广大用户普遍接受，然费苦心地改变可能换不来用户的认同

两个网站都在播放界面的右侧放置了同类视频的快捷链接，方便用户选择

爱奇艺

视频的控制条都被放置在播放界面的下面，方便用户对控制视频的播放

3.5　为用户提供纠错功能

网站为用户提供了丰富的服务功能，以满足不同用户的不同需求。对于这些用户来讲，并不是所有人都可以快速掌握网站功能的使用方法，为了避免用户无法访问网站而造成焦虑或悲观的情绪，设计网站时需要考虑以下几点。

● 预防：为了方便用户使用页面的各种功能，通常在页面中会添加一些用法说明。这些说明要尽可能使用惯用的语言，内容清晰简洁。

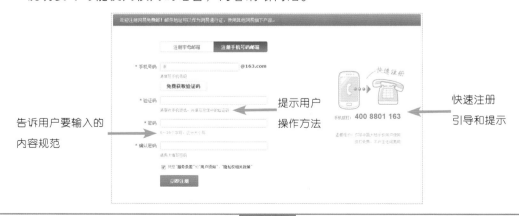

告诉用户要输入的内容规范

提示用户操作方法

快速注册引导和提示

● 保护：在浏览某些网站时，经常会要求输入一些个人信息。当用户好不容易填写完各种信息提交时，却由于某个选项填写错误而造成需要重新填写，这是非常糟糕的用户体验。正确的做法是要保存用户输入的信息。

用户发送过的
邮箱地址会被
自动保存在
"通讯录"中

用户可以通过单击该按钮将正在编辑的邮件存储为草稿

将用户发送过的邮件保存在发件箱中，方便用户查找

● 通知：如果用户在操作过程中出现错误，要通过各种方式告诉用户发生了什么状况，并尽力帮助他们从中恢复。例如在注册用户时，当用户填写的用户名不符合规范时，系统会通过红色文字信息提醒用户。

当用户输入的密码和邮箱地址不匹配时，页面中会以明显的方式提醒用户解决的方法

3.6 帮助用户记忆

让用户记住访问过的长长的网址，的确有点勉为其难。而计算机却擅长记忆长串的字符。利用这一点，可以有效地帮助用户记忆一些不熟悉的事物。在一些购物网站中，用户查看过的商品，会在用户再次打开该网站时，以推荐的方式呈现在用户面前，这就有效地避免了用户重复的查找操作。

在一些搜索引擎页面中，当用户输入搜索内容时，会自动弹出下拉菜单供用户选择。这些菜单中有用户曾经搜索过的内容，也有相似的内容，大大减少了用户的查找时间，提高网站搜索的利用率。

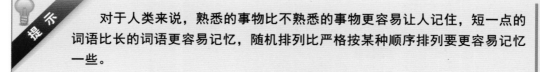

提示　对于人类来说，熟悉的事物比不熟悉的事物更容易让人记住，短一点的词语比长的词语更容易记忆，随机排列比严格按某种顺序排列要更容易记忆一些。

自动记录
用户访问
过的商品

3.7 为不同水平的用户考虑

在众多的网站用户中，由于访问网站的频率不同，水平也不尽相同。作为设计者，要为刚加入网站的新用户和一些已经非常熟悉网站操作的专家级用户多考虑。

新用户一般访问网站时间很短，对网站的操作不熟练。而专家级用户会不断了解一个网站或软件的运行方式，直到最后可以使用其高级特性。对于已经有一定经验的中等水平用户来说，几乎已经可以完成需要的所有工作，而且也并不打算在此范围之外有更多的了解。设计师可以不以他们为重点。

> **提示** "用户"指的是会随着时间而发生变化的人，他会不断改变和学习。设计师的设计应该对用户自我提升有帮助，达到让用户满意，并需要用户成为专家，只需适当设计揭秘，帮助他们达到自己理想的程度。

针对新用户
的界面设
计。用户可
以快速找到
并使用邮箱
功能

针对中等水平
用户的界面设
计。基本可以
满足用户的操
作要求

针对专家级用户的界面设计。使用这些功能用户可以
完成很多附加的功能。这些功能对于只使用网站邮件
功能的用户来说完全没有用途

3.8 提供帮助文档

为网站提供说明文档或帮助文档是提高用户体验的一种不错的方法。用户在遇到无法解决的问题时，可以通过查找帮助文档获得帮助。制作帮助文档时，首先考虑文档的语言，要覆盖几乎所有会访问该网站的用户。而且要找专业人员根据网站功能认真编写，切不可草草了事。而且要根据用户的反馈及时修改帮助文档，并最终成册，供用户使用。

提供帮助信息的搜索功能。便于用户随时解决问题

以最简练的方式为用户提供帮助

提供帮助文档供用户查询

方便用户分类查找

> 提 示
>
> 用户在完成某一个可能很复杂的任务时，都不可避免地需要帮助，但通常又不主动请求帮助。作为设计者，你要做的就是在适当的时候以最简练的方式提供适当的帮助。应当把信息放在有明确标注的位置，而不要统统都放在过于泛化、无所不包的 Help 中。

3.9 本章小结

要设计一个好的网站需要考虑的因素很多，本章主要针对网页设计的 8 条原则进行介绍，并通过实例分析设计的要点。只有真正领会并掌握这些原则，才能更好地利用它们。在以后的设计工作中，要时刻考虑这些内容，以便可以轻松设计出令人满意的网站作品。

第 4 章　网站色彩搭配

每种色彩在人们的印象空间都具有其独特的位置，它带给人的印象也是具有双面性的，同一种色彩在带给人积极情绪的同时，也会带给人一些消极情绪，而这种情绪可以通过色彩搭配，利用加减法来弥补抵消。

4.1　色彩基础

网页色彩是树立网站形象的关键之一，很多网页都以其完美的色彩搭配起到令人过目不忘的效果，由此可见，颜色的使用在网页的制作中是非常重要和关键的。

4.1.1　色彩学

形状和色彩是物象与美术形象的两大要素，因此色彩学也成为美术理论最重要、最基本的课题。

色彩学是研究色彩产生、接受及其应用规律的科学。它以光学为基础，并广泛涉及心理物理学、生理学、心理学、美学与艺术理论等学科。与透视学、艺术解剖学同为美术的基础理论。

色彩学就是色彩与素描的关系问题。素描是研究形体的绘画方式，物体的色彩是依附于形体而存在的。颜料表现的只是一种相对的关系。色彩学最重要的是以下几点。

1. 物体暗面和亮面的色彩冷暖对比规律

通过冷暖对比关系可以增强画面上物体的体积感：若物体的亮面颜色偏向于冷色调，暗面颜色就会偏暖。相反的，若亮面颜色偏向于暖色调，暗面颜色就会偏冷。

2. 物体空间远近的色彩变化规律

运用色彩冷暖、虚实对比，表现出物体的远近关系；并运用概括的手法，减弱远处的色彩对比造成的平面感，最终使画面充满空间感。

3. 光源色、固有色和环境色的关系

亮面：受光源的影响最明显的部分，刻画时可以加入光源的颜色。

暗面：受周围环境的影响比较明显，刻画时可以加入周围环境的颜色，例如反光就是一个明显的特例。

灰面：以物体的固有色为主，不同质感的物体光源色、固有色、环境色相互影响的程度也不一样，例如表面质地粗糙的物体反光弱、固有色强；相反的，表面光滑的物体反光强、固有色弱。

本章知识点

- [✓] 掌握色彩基础
- [✓] 网页色彩搭配基础
- [✓] 色彩联想与作用配色
- [✓] 色彩搭配原则
- [✓] 色彩搭配的方法

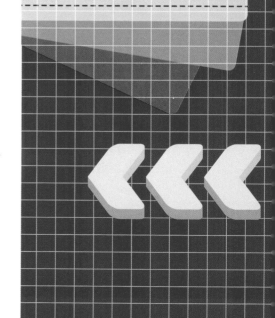

色彩学的研究是从 19 世纪开始的，牛顿的日光棱镜折射实验，以及开普勒奠定的近代实验光学为色彩学提供了科学依据，而心理物理学解决了视觉机制对光的反应问题。而从 19 世纪下半叶开始，陆续涌现出许多色彩学研究的著作。

色彩从根本上说是光的一种表现形式。由色彩的光学本质引发出色彩学的一系列问题：颜色可分为有彩色和无彩色，特性包括色相、纯度、明度，混合包括光色混合（即加色混合）、色光三原色（即红、绿、蓝）、混合的三定律（即补色律、中间色律、代替律）等。

4.1.2 色彩管理

色彩管理就是指运用软件与硬件结合的方法，在生产系统中自动统一地管理和调整颜色，以确保在整个过程中颜色的一致性。色彩管理包括以下两个方面的意义。

- 以传统彩色复制的基本要求决定，即按照纸张、油墨及其他印刷条件决定的颜色再现特性进行的基本设定和选择（包括阶调复制、灰平衡及色彩校正等内容），以确保分色和印刷的条件相适应。
- 基于桌面出版系统或图文设计系统的自动色彩管理，以软件的方式来进行设备的色彩校准，对不同的色彩空间进行特性比，针对不同的输入设备进行颜色传递，以取得最佳的色彩匹配。

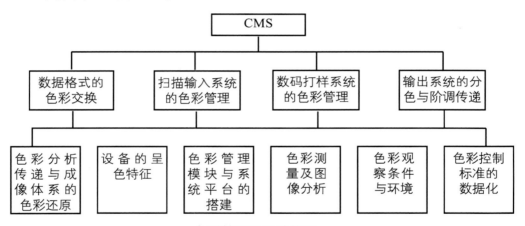

色彩管理系统结构图

色彩管理的目的是要实现所见即所得。实现不同输入设备间的色彩匹配，包括各种扫描仪、数字照相机、Photo CD 等；实现不同输出设备间的色彩匹配，包括彩色打印机、数字打样机、数字印刷机、常规印刷机等。

实现不同显示器显示颜色的一致性，并使显示器能够准确预览输出的成品颜色，最终实现从扫描到输出的高质量色彩匹配。

进行色彩管理的方法有以下几种。

- 输入设备的校正与特征化
- 显示器的校正与特征化
- 印刷打样设备的校正与特征化
- 色彩转换

色彩管理系统让使用者在不同的输入和输出设备上进行色彩匹配，从而使用户可以预见何种色彩不能在某些特殊的设备上精确地复制，以及在其他的设备上仿真某设备的色彩再现，以达到精确地复制色彩。

实施色彩管理技术要分为设备校正、制作设备特征化文件、转换色彩空间三个步骤。

在整个彩色图文信息复制系统中，从输入到输出，涉及设备很多，如扫描仪、数码相机、显示器、数码打样机、印刷机等。下面介绍色彩管理技术最常用的工具。

1. TILO 标准光源箱

即使是同一物体，在不同的光线下看颜色是不一致的，为了统一照明光源，就有了国际标准的光源照明箱即标准光源箱。

看色、打版都在标准光源箱或看样台内进行，就能够避免因为光线不同而产生色彩管理的争议。

标准光源是最常用的目视比色管理色彩的工具。

2. 电脑测色仪

电脑测色仪包括色彩色差计、印刷网点密度仪和屏幕亮度、灰度计等。

电脑自动测量出物品的色彩值，然后再输出数值供使用者参考，对色彩进行数字化的管理。

3. 国际标准色卡

利用色卡就可以不对颜色加以描述和寄送样品，管理者只要报一个色卡的号码，就能够直接统一物品的颜色。

色卡是最常用的色彩管理工具，是国际通用的颜色语言，在色彩管理上发挥了巨大的桥梁作用。

在一种图像处理设备所处理获得的图像色彩数据结果，在另一种处理设备上应该能够得到相应的还原，这就是"色彩与设备无关"。

色彩与设备无关在实现图像信息交换标准时非常重要。要实现色彩与设备无关，首先必须能够客观地评价图像的颜色和密度与处理设备之间的变换特性。

色彩管理在现代化数字印刷领域的作用是不可忽视的。很多现代化印刷生产企业在使用色彩管理以后，大幅度提高了生产效率，同时出错率也相应减小。色彩管理的具体作用可以总结为以下几点。

- 校正、制作特性文件之后，所有的设备都会达到相当一致的颜色。

- 显示器的颜色和原稿一样。
- 屏幕软打样（模拟印刷颜色）。
- 数码打样。
- 输出后的颜色会和原稿非常相近。

通过高效、可预知、成熟的色彩管理，可增强专业设计的能力，同时也会为客户带来以下好处。

- 最终印刷品颜色与预期颜色准确匹配。
- 不同设备在不同时间、不同介质上都能够保证实现色彩的一致性。
- 实现与客户更好的合作。
- 缩短生产周期，降低返工率。
- 降低生产成本，提高工作效率。
- 提高客户满意度，提升产品的质量。
- 在显示器或数字打样机打印的数码稿上看到的颜色与最终印刷品的颜色完全一致。

4.2 色彩传达的意义

人们眼睛观察自身所处的环境，最先看到的就是色彩。不同的色彩能够产生不同视觉效果，同时也会带给人们不同的视觉体会。色彩直接影响着人的美感认知、情绪波动，甚至是生活状态、工作效率。

4.2.1 色彩的生理反应

人们经常会在不知不觉中被所处环境中的色彩左右自己的情绪，这是因为人们的视觉神经细胞的感受能够识别各种色彩。不同的色彩也会带给人不同的刺激，因此不同的色彩带给人们的生理反应也是各不相同的。

● 红色

红色的纯度高，是一种注目性高、非常刺激的颜色，人们往往在看到红色时，会感觉非常兴奋，心跳加快、呼吸急促，因此这种容易引起人们注意的颜色经常被用在各种媒体中，用来传达有活力、积极、热忱、温暖、前进等涵意的企业形象与精神。

零散分布的绿色减轻大面积红色带给人的视觉疲劳感，给人绿色食品的安全感

深红色的背景色，制作出强烈的视觉冲击力，为页面营造出一种喜庆而又高贵典雅的气质

利用其注目性高的特点，红色也常用来作为警告、危险、禁止、防火等标志的颜色，这样人们在一些场合或物品上，即使不仔细看内容，就能够明白危险警告；在工业安全用色中，红色即是警告、危险、禁止、防火的指定色。

● 黄色

黄色明度较高，也能够引起人们的注意。因此黄色经常被用做警告危险色，警告危险或提醒注意，如交通标志上的黄灯、许多工程用的大型机器以及学生用雨衣、雨鞋等，都使用黄色。

● 橙色

橙色明视度高，视觉冲击力仅次于红色。

橙色在工业安全用色中为警戒色，例如火车头、背包、登山服装、救生衣等。橙色也经常被用做食物题材的颜色出现，在运用橙色时，要注意选择搭配的色彩和表现方式，才能把橙色明亮活泼、具有口感的特性发挥出来。

● 蓝色

蓝色具有沉稳的特性，带给人理智、准确的印象，所以这种颜色经常被用在商业设计中，用于强调科技、效率的商品或企业形象。

另外受西方文化的影响，蓝色也代表忧郁，这个意象也运用在文学作品或感性诉求的商业设计中。

● 紫色

紫色是具有强烈的女性化性格的颜色，经常被用在和女性有关的商品或企业形象上，但它在商业设计用色中是相当受限制的。

● 褐色

褐色通常在商业设计上用来表现原始材料的质感，如麻、木材、竹片、软木等；有时也会用褐色来传达某些饮品原料的色泽，如咖啡、茶、麦类等；有时也会用来强调格调古典优雅的企业或商品形象。

整个页面以褐色作为主色调，呈现出一种木质的感觉，通过明暗对比制作出页面的层次感，提亮并突出了主体，营造出一种高贵典雅而又安逸温馨的感觉

● 无彩色

无彩色分别为白色、灰色和黑色。

白色具有高级、科技的意象。因为纯白色通常会带给人寒冷、严峻的感觉，所以通常需要与其他色彩搭配使用，掺一些其他的色彩，如象牙白、米白、乳白、苹果白等；白色在生活用品、服饰用色上是永不过时的主要色，可以和任何颜色进行搭配。

灰色具有柔和、高雅的意象，属于中间色调，男女皆能接受，因此灰色也是永不过时的主要颜色。

灰色通常被用做许多高科技产品（特别是和金属材料有关的）的颜色，以传达高级、科技的形象，并且通常需要利用不同的层次变化组合或搭配其他色彩，以避免过于朴素、沉闷、呆板、僵硬的感觉。

黑色具有高贵、稳重、科技的意象。黑色通常被用做科技产品的颜色，如电视、跑车、摄影机、音响、仪器的色彩以及一些特殊场合的空间设计、生活用品和服饰设计，大多都是利用黑色来塑造高贵的形象，它与白色相同，也是一种永不过时的主要颜色，适合和许多色彩进行搭配。

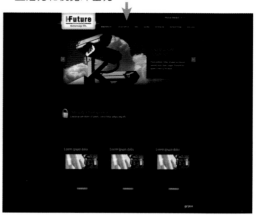

整个页面以黑色为主色，灰色为过渡色，白色的使用是为了突出主题，红色为点睛色，为页面添加了一丝活力和视觉冲击力

不同明度与纯度的灰色作为页面背景，也能营造出高贵的气质，吸收了主题图像中红色的刺眼光芒，起到了很好的中和效果

4.2.2　色彩的象征

每种色彩都是具有特定的含义和象征的。人们在看到某种颜色后，就会产生不同的联想，并且大部分颜色都可以产生正面和负面的联想。

受不同国度和民族的传统文化的影响，色彩的象征含义也有局限性。因此同一种色彩往往包含多种不同的含义与象征。

颜色	象征意义
红色	热情、活泼、热闹、革命、温暖、幸福、吉祥、危险……
橙色	光明、华丽、兴奋、甜蜜、快乐……
黄色	明朗、愉快、高贵、希望、发展、注意……
绿色	新鲜、平静、安逸、和平、柔和、青春、安全、理想……
紫色	优雅、高贵、魅力、自傲、轻率……
蓝色	深远、永恒、沉静、理智、诚实、寒冷……
白色	纯洁、纯真、朴素、神圣、明快、柔弱、虚无……
灰色	谦虚、平凡、沉默、中庸、寂寞、忧郁、消极……
黑色	崇高、严肃、刚健、坚实、粗莽、沉默、黑暗、罪恶、恐怖、绝望、死亡……

通过色彩的刺激想起与其有关的事物，这个过程就称为色彩联想。

网页设计师可以通过恰当的色彩使用与搭配，把网页的思想传达给浏览者，但如果使用方法不当，就会产生不良的联想，带来相反的效果。

4.3　网页色彩搭配基础

　　不同的色彩放在一起就会产生不同的对比效果，从而给人带来不同的心理感受。例如红色和绿色放在一起，红色显得更红，绿色显得更绿，带给人一种强烈的视觉刺激。再例如长时间盯着一块纯红色看，转头看看四周，会发现其他物体都有很明显的绿影，这是因为红色与周围的颜色产生了强烈的对比。

　　色彩的对比主要分为色相对比、纯度对比和明度对比。就色相对比来说'，各种纯色的对比能够带来极大的视觉满足，进而升华到心理满足。例如看到红色，就会想到苹果、火焰；看到蓝色就想到蓝天和海洋；绿色则让人联想到草地……这些对比鲜明的颜色会带来活泼跳跃的氛围。

　　纯度对比和明度对比也是色彩对比的一种方式，例如高纯度高明度的橙色是非常耀眼的颜色，非常适合用来强调页面中的重要元素。

4.3.1　色彩的面积和形状

　　色彩的面积和形状是影响配色效果的重要因素。对于色彩的大小来说，如果两种颜色的面积接近，那么这两种颜色的对比就会非常强烈，使二者处于竞争关系。

　　如果两种颜色的面积不等，那么小面积的色彩就会成为大面积色彩的补充，使二者处于互补关系。

青色和粉红色的面积相差很大，二者处于互补关系，大面积的青色为视觉焦点

几个色块的面积是相等的，色块处于并列竞争关系

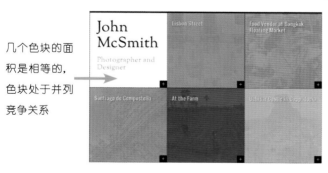

　　为不同的颜色设计不同的形状也能极大地影响配色效果。总体来说，矩形、菱形和平行四边形等由直线构成的形状显得沉稳、理智、规则、整洁、中规中矩和刻板；而圆形、半圆等由弧线构成的形状则更显得灵动、舒适、自由、活泼和无拘无束，设计师应该根据网页的形状和主题选用不同的形状。

4.3.2 色彩的位置

色彩的位置是另一个影响配色效果的因素，不同的色彩位置会造成不同的色彩对比效果。由于两种色彩在平面和空间中都是处于某一位置上的，因此，对比效果不可避免地会与色彩位置发生关联，这种位置关系可分为上下、左右、远离、邻近、接触、切入和包围等。在保持两种色彩一切因素不变的情况下，位置远时对比弱，接触时对比强，切入时对比更强些，一色包围一色时对比最强。

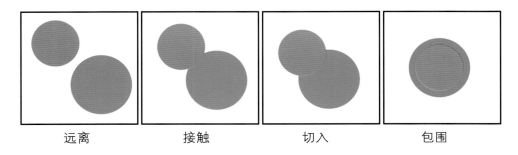

| 远离 | 接触 | 切入 | 包围 |

网页设计中比较常见的一种设计手法——渐变色，就是通过不同颜色的位置变化来体现整个画面的空间感和景深感。低明度的色彩中包含高明度色彩的渐变色会给人清晰的感觉，例如深红色中间是正红色。中性色与低明度颜色的渐变色会带来朦胧、模糊、神秘的感觉，例如浅灰色到灰蓝色的渐变色。此外，纯色与高明度的渐变色能够带来跳跃、活泼、富有动感的感觉；纯色与低明度的渐变色则显示出沉稳、深邃的意象……

提示　如果各种颜色在画面中所占的面积不变，颜色越集中使用，对比效果越强；颜色越分散使用，对比效果越弱，调和感越强。

⇒ 实例01+ 视频：设计图片网站

本实例制作了一款干净、时尚、简洁的图片网站。该页面的结构非常简单，页面最上方为 Banner，下方全部为陈列式的图片内容。页面的整体风格简洁清新，个别元素运用了投影和斜面浮雕等样式，制作时注意细节的刻画。

● **配色方案**

大面积使用浅灰色作为背景色，产品图使用了高纯度的青色，干净清新的感觉跃然而出，深蓝色、红色和黄色等小面积的色块活跃了画面氛围。文本颜色则根据底色的不同分别选择了黑色、白色和灰色，以确保可读性。

| 主色：#60d4d4 | 辅色：#000141 | 文本颜色：#000000 |

Banner 的背景
采用高纯度的纯
色，画面中心突
出，能够提升整
个页面的精美度

小面积的红色和
黄色等艳丽的色
彩很好地点缀了
画面

大量使用白色和浅灰色等中性色进行调和

🏠 源文件：源文件 \ 第 4 章 \4-3-2.psd　　　🔊 操作视频：视频 \ 第 4 章 \4-3-2.swf

● **制作步骤**

01 ▶执行"文件 > 新建"命令，新建一个空白文档。

02 ▶设置"前景色"为 #f0f0f0，按快捷键 Alt+Delete 填充颜色。

03 ▶使用"矩形工具"创建一个"填充"为 #60d4d4 的矩形。

04 ▶再创建一个"填充"为 #4bc7c7 的矩形，按快捷键 Ctrl+Alt+G 创建剪贴蒙版。

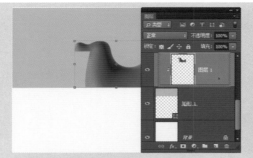

05 ▶ 打开素材图像"第4章\素材\43101.png",将其拖入设计文档中,并剪切至"矩形1"。

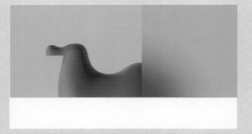

06 ▶ 在"矩形2"上方新建图层,将其剪切至下方的图层,使用柔边笔刷涂抹颜色#0c5788。

07 ▶ 使用"直线工具",以"合并形状"模式绘制对勾图标。

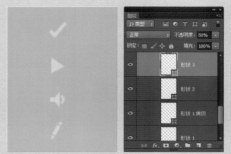

08 ▶ 使用不同的形状工具和"路径操作"绘制其他的图标。

09 ▶ 打开"字符"面板,适当设置参数值,使用"横排文字工具"输入相应的文字。

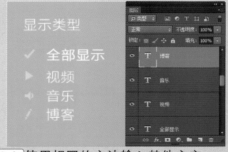

10 ▶ 使用相同的方法输入其他文字。

11 ▶ 使用"椭圆工具"创建一个"描边"为白色的正圆,设置其"不透明度"为50%。

12 ▶ 使用"自定形状工具",选择心形,在画布中绘制形状。

如果不能在"自定形状工具"的选项栏中找到需要的形状，请单击形状选取器右上角的 ▦ 按钮，在弹出的菜单中选择"全部"选项。

13 ▶ 使用"直接选择工具"适当调整心形的形状。

14 ▶ 使用相同的方法完成相似内容的制作。

15 ▶ 使用不同形状工具和"路径操作"绘制相应的形状。

16 ▶ 使用"圆角矩形工具"，以"合并形状"模式绘制"半径"为 1 像素的形状。

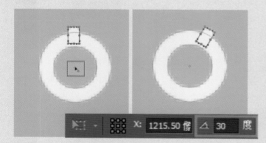

17 ▶ 按快捷键 Ctrl+T，按下 Alt 键单击圆环中心设置变换中心，并将形状旋转 30°。

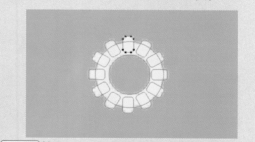

18 ▶ 按 Enter 键确认变形，再多次按快捷键 Ctrl+Shift+Alt+Enter，得到一整圈形状。

19 ▶ 使用相同的方法完成相似内容的制作。

20 ▶ 使用"圆角矩形工具"创建一个"半径"为 5 像素的圆角矩形。

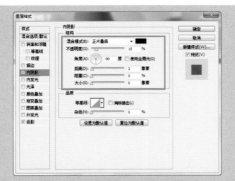

21 ▶ 打开"图层样式"对话框，选择"内阴影"选项，设置参数值。

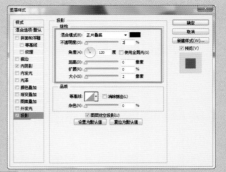

22 ▶ 继续在"图层样式"对话框中选择"投影"选项，设置参数值。

23 ▶ 设置完成后单击"确定"按钮，得到该形状的效果。

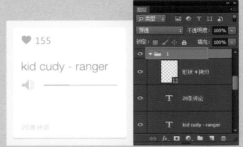

24 ▶ 在该形状中加入相应的文字和图形，并将相关图层编组。

25 ▶ 使用相同的方法完成其他板块的制作。

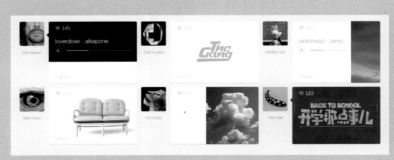

26 ▶ 使用相同的方法完成其他内容的制作。

27 ▶ 使用相同的方法完成其他内容的制作，得到页面最终效果。

提问：在网页中使用图片应该如何构图？

答：在网页中使用图像时应该保证主体足够突出，可以大胆裁掉与主题无关的部分。如果背景太乱，那就直接把需要的部分抠出来。此外要注意留有足够的留白，不要让画面主体包天包地，这样可以避免页面整体效果显得杂乱拥挤。

4.4　色彩搭配的原则

色彩的搭配方法非常多，不同的搭配方案将表现不同的设计意图。色彩的搭配也不是完全无序的，通过遵守一定的搭配原则，用户可以轻松获得令人满意的搭配效果。

色彩的表现方式是复杂多变的，但在欣赏和解释方面又有共通的特性，通过对色彩的各种心理分析，找出它们的各种特性，可以做到合理而有效地使用色彩，使我们的设计作品更加专业、更具有吸引力。

总体来说，色彩的搭配原则主要有 4 条：即整体色调协调统一、把握配色的节奏、配色要有重点色，以及配色的平衡。

4.4.1　整体色调协调统一

在进行网页配色时，需要对页面整体色彩的色相、纯度和明度，以及色彩的面积等要素进行控制，使页面色调更符合需求，更能体现出整体性和协调性。

首先要确定页面中所占面积较大的色彩（该色彩将会对整体色调产生决定性的影响），然后根据该颜色选择不同的配色方案。确定该颜色时应该根据公司的性质和所展现的内容进行衡量。例如科技类公司可以选择蓝色作为页面主色调，以体现理智科学的感觉；儿童类页面可以选用高明度高纯度的黄色、粉色和嫩绿色等色彩作为主色调，以体现活泼可爱的感觉；高端定制类的网页则可以选择低明度的黑色、棕色和咖啡色等色彩作为主色调，以体现沉稳、深邃、精致、神秘的感觉。

蓝色调能够体现出舒适、放松、休闲的氛围

高纯度高明度的黄色能够体现出活泼、热情、童真的感觉

4.4.2　把握配色的节奏

配色的节奏是指由颜色的配置产生整体的调子，当这种配置关系在整体色调中反复出现，就形成了节奏。例如由于渐进的变化，色相、明度、纯度都会产生变化而且有规律，所以就形成了阶调的节奏；将色相、明暗、强弱等变化做几次反复，就会产生反复的节奏；通过赋予色彩的配以跳跃和方向感就会产生运动的节奏。配色的节奏与色块摆放的位置、大小、形状和质感等因素有关。

4.4.3 配色要有重点色

配色时，在整体配色关系不明确的状况下，就需要突出一个重点色来平衡配色关系。选择重点色要注意以下几点：（1）重点色应该使用比其他的色调更强烈的色。（2）重点色应该选择与整体色调相对比的调和色。（3）重点色应该用于极小的面积上，不能大面积使用。

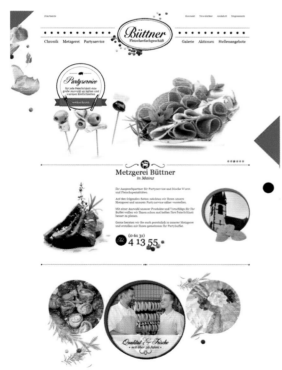

4.4.4 配色的平衡

颜色的平衡是指颜色的强弱、轻重和浓淡等关系的平衡，这些因素在感觉上会左右颜色的平衡关系。即使使用完全相同的配色方案，也能通过改变图形的形状和面积得到完全不同的配色效果。

一般来说，邻近色配色比较容易平衡，例如红色和橙色。而处于补色关系且明度接近的纯色，例如红色和绿色，则会因为过度刺眼而成为不协调色。但如果缩小其中一种颜色的面积，并加入适当的中性色，改变其明度和彩度并取得平衡，则可以使这种不调和色变得调和。当高纯度的色彩与同样明度的浊色或灰色配合时，如果前者面积小，而后者面积大，也可以取得不错的平衡效果。

实例 02+ 视频：设计减肥网站

本实例制作了一款时尚明艳的减肥网站。该页面中的元素比较少，以精美的图片为主要展示内容。文字和按钮等元素的风格偏简洁时尚，并带有轻微的投影和高光效果，既不会削弱图片的主体地位，又能烘托页面整体的精美度。

配色方案

高明度的橙色背景与蓝色调的 Banner 形成了鲜明的对比，与同色的汽车图像形成了呼应。页面下方大量使用了中性色，有效地调和了橙色、蓝色和青色等高纯度色彩的跳跃，页面整体效果活泼明艳但不轻佻。

| 主色：#6e18a27 | 辅色：#05bbce | 文本颜色：#000000 |

艳丽的橙色与蓝色形成了鲜明的对比，又与中心的汽车形成了呼应

页面下方的大片中性色有效地调和了艳丽色彩的跳跃感，为页面添加了稳重感

源文件：源文件 \ 第 4 章 \4-4-4. psd　　　操作视频：视频 \ 第 4 章 \4-4-4. swf

制作步骤

01 ▶ 执行"文件 > 新建"命令，新建一个空白文档。

02 ▶ 执行"图层 > 新建填充图层 > 渐变"命令，在弹出的对话框中单击渐变条。

03 ▶在弹出的"渐变编辑器"对话框中适当设置渐变色。

04 ▶设置完成后单击"确定"按钮，得到渐变色的效果。

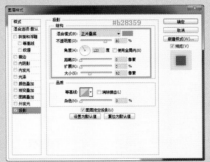

05 ▶使用"矩形工具"创建一个"填充"为白色的矩形。

06 ▶双击该图层缩览图，打开"图层样式"对话框，选择"投影"选项，设置参数值。

07 ▶设置完成后单击"确定"按钮，得到该形状的效果。

08 ▶使用相同的方法创建另一个矩形，为其设置相应的渐变填充色。

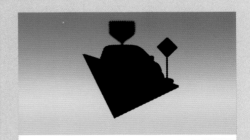

09 ▶打开素材图像"第 4 章 \ 素材 \44401.png"，将其拖入设计文档中，适当调整位置。

10 ▶载入该图层的选区，在其下方新建图层，为选区填充黑色。

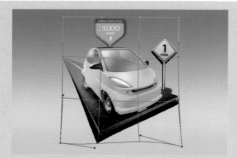

11 ▶ 执行"编辑>变换>变形"命令，仔细调整汽车投影的形状。

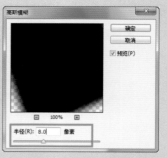

12 ▶ 执行"滤镜>模糊>高斯模糊"命令，对投影进行模糊。

13 ▶ 降低投影"不透明度"为30%，并使用蒙版处理投影显示范围。

14 ▶ 使用"圆角矩形工具"创建一个"半径"为3像素的圆角矩形。

15 ▶ 双击该图层缩览图，弹出"图层样式"对话框，选择"渐变叠加"选项，设置参数值。

16 ▶ 继续在"图层样式"对话框中选择"投影"选项，设置参数值。

17 ▶ 设置完成后单击"确定"按钮，得到该形状的效果。

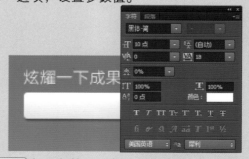

18 ▶ 在"字符"面板中适当设置参数值，然后在按钮上方输入文字。

19 ▶ 使用相同的方法制作出其他的标签和按钮，并添加相应的文字。

20 ▶ 使用"矩形工具"创建一个任意颜色的矩形。

21 ▶ 双击该图层缩览图，弹出"图层样式"对话框，选择"描边"选项，设置参数值。

22 ▶ 继续在"图层样式"对话框中选择"渐变叠加"选项，设置参数值。

23 ▶ 设置完成后单击"确定"按钮，得到该形状的效果。

24 ▶ 使用相同的方法制作出其他的标签选项卡，配合图层蒙版处理显示范围。

25 ▶ 在选项卡上加入图标和相应的文字。

提示 选项卡中的白色汽车可以通过复制调整 Banner 中的汽车得到。用户可以添加一个"渐变映射"调整图层，使用白色到蓝色的渐变色重新映射该图像的色调。

26 ▶ 使用相同的方法在页面下方添加各种按钮、标签、图像和文字，完成该页面的制作。

提问：如何制作页面下方的按钮和数字标签？
答：绿色和黄色的按钮质感可以直接应用"样式"面板中的"黄色凝胶"和"绿色凝胶"样式（若无法找到，请载入"Web 样式"样式），通过简单的修改就能得到相同的效果。黑色的数字标签应用了灰色到深灰色的"渐变叠加"样式，并不难制作。

4.5　色彩联想作用与配色

所谓色彩联想作用，就是不同的颜色、不同的色调带给人们不同的情感反应。网页设计中的颜色首先是根据网站的目标而决定的。

熟悉各种颜色的特性和联想作用，根据网站的目标而选择颜色，这些对于一个网页设计者来说，都是很重要的事情。

在网站中，可以用强烈而感性的颜色，也可以用冷静的无彩色的颜色，还可以偶尔用一下平时不太使用但可以产生美妙效果的颜色，不过盲目使用颜色会使色彩显得杂乱，成为一个令人厌烦的网站。

一般来说，在网页上使用的颜色，其组合都有一定的一贯性和共同点。使用一系列类似的颜色，或者种类相同但饱和度明显不同的颜色等，都是遵照一定原则的。灵活应用色彩，这样才能给用户留下良好的印象。

另外人们在通过显示器看东西时，眼睛通常容易感到疲倦，所以为了很好地传递网页信息，最好选择让用户眼睛舒服的颜色。

要想更好地使用颜色，就必须了解不同色彩对人产生的心理效果。

4.5.1　红色

红色是一种对人刺激性很强的颜色，也是一种最鲜明生动、最热烈的颜色。其色感温暖，性格刚烈而外向，容易引起人的注意，也容易使人兴奋、激动、紧张、冲动；红色也是一种容易造成人视觉疲劳的颜色，因此在网页设计配色中，使用红色为主色调的网站相对较少，通常都配以其他颜色调和，多用于辅助色、点睛色，以达到陪衬、醒目的效果。

将不同明度的红色作为页面的背景色，展现出高贵而又
喜庆的氛围，黑色和白色这两种容易搭配的颜色作为主
色，突出主题而又和谐

以不同明度与饱和度变化的红色作为页面的主色调，很好地为页面添加动感，白色的文本色很好地突出页面主题

不同的明度、纯度的红色给人的情感也是各不相同的，例如将红色减弱，色调就变成了粉红，就会带给人一种温和的感觉。

红色是视觉传递速度最快的颜色，利用这一特征，红色也经常被作为警示符号的颜色，例如消防、惊叹号、错误提示等。

4.5.2 橙色

橙色具有轻快、欢欣、收获、温馨、时尚的效果，是快乐、喜悦的色彩，也是暖色系中最具有兴奋度、最耀眼的色彩，带给人以华贵而温暖，兴奋而热烈的感觉，同时橙色还具有健康、富有活力、勇敢自由等象征意义。

在网页设计配色中，橙色适用于视觉要求较高的时尚网站，属于注目、芳香的颜色。橙色也是容易引起食欲的颜色，因此常被用于味觉较高的食品网站。

橙色在空气中的穿透力仅次于红色，也是容易造成视觉疲劳的颜色。但由于橙色非常明亮刺眼，在服饰色彩搭配上使用不当就会使人产生负面低俗的心理感受。

白底红边文本颜色，周围添加更亮的橙色边框，突出主题的同时，不会显得背景与主题颜色突兀、不融合

鲜橙色的背景，给人强烈的食欲感，同时添加高明度的花纹，制作出活力四射的动感

4.5.3 黄色

黄色和红色一样引人注目，是阳光的色彩，具有活泼与轻快的特点，给人十分年轻的感觉，象征光明、希望、高贵、愉快。黄色加入白色给人娇嫩、可爱、幼稚、不高尚、无诚意等心理感受；加入黑色则给人以失望、多变、贫穷、粗俗、秘密等心理感受。

黄色的亮度最高，和其他颜色配合很活泼，有温暖感，具有快乐、希望、智慧和轻快的个性，有希望与功名等象征意义。黄色也代表着土地，象征着权力，并且还具有神秘的宗教色彩。

黄色也是一种能引起人食欲的颜色，将其与红色搭配，表现出中国式的古典美

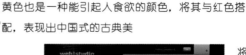

将土黄色作为背景色，体现出一种复古的美和浓浓的乡土气息

将浅黄色作为页面辅色，呈现出一种高贵而圣洁的意象，也使整个页面看起来更轻盈

4.5.4　绿色

绿色在冷色与暖色之间，属于较中庸的颜色，因此绿色的性格最为平和、安稳、大度、宽容，是一种柔顺、恬静、满足、优美、受欢迎之色，也是网页中使用最为广泛的颜色之一。

纯净的绿色可视度不高，刺激性不大，对生理和心理作用都极为温和，经常用在一些医疗、食品题材的设计中，许多工作机械也都是采用了绿色。

绿色是永恒的，也是自然之色，代表了生命与希望，也充满了青春活力，象征着和平与安全、发展与生机、舒适与安宁、松弛与休息，有缓解眼部疲劳的作用，能使人心情变得格外明朗。黄绿色代表清新、平静、安逸、和平、柔和、青春的心理感受。

绿色本身具有一定的与自然、健康相关的感觉，所以也经常用于与自然、健康相关的站点和一些公司的公关站点或教育站点。

4.5.5　蓝色

蓝色是色彩中比较沉静的颜色，象征着永恒与深邃、高远与博大、壮阔与浩渺，是令人心境畅快的颜色。这种朴实、稳重、内向性格的颜色适合用于衬托性格活跃、具有较强扩张力的色彩，运用对比手法，同时也活跃页面。

蓝色也具有消极、冷淡、保守等意味。恰当地与红、黄等色彩搭配，能构成和谐的对比调和关系。蓝色是冷色调最典型的代表色，是网站设计中运用得最多的颜色。

稍浅淡的蓝色给人一种轻快、活跃的感觉

如天空一般的蓝色作为页面背景，给人一种宽阔深邃的畅快感，配合白色作为页面主色，给人蓝天白云般的自然感觉

深沉的蓝色给人一种神秘、稳重的感觉，两种蓝色上下分布合理，不会让人感觉头重脚轻

4.5.6　紫色

紫色象征着女性化，代表着高贵和奢华、优雅与魅力，也象征着神秘与庄重、神圣和

浪漫，是一种非知觉的颜色，在自然界中比较少见。不同色调的紫色可以营造非常浓郁的女性化气息，因此通常在以女性为对象或以艺术作品介绍为主的站点，会以紫色作为主色。

有时在很多大公司的站点中为了制造神秘色彩，通常会小面积使用紫色。

将浅紫色的背景制造出轻快、柔和的页面效果，与黄色搭配制作出欢快活跃的页面气氛 →

深紫色的主题图像在突出主题的同时，为页面添加神秘高贵气氛

紫色加入大量的红色就会显得华丽和谐；加入少量的黑色则会带给人沉重、伤感、恐怖、庄严的感觉；加入白色会显得优雅、娇气，并充满女性的魅力。

紫色在所有彩色中明度是最低的，这种低明度特性也会带给人一种沉闷、神秘的感觉。

4.5.7　黑色

黑色是一种永不过时的颜色，是纯度、色相、明度最低的非彩色，象征高贵、稳重、科技，经常作为科技产品网站的用色，它也会给人深沉、神秘、寂静、悲哀、压抑等消极感受，代表死亡、悲哀。黑色具有能吸收光线的特性，会带给人一种变幻无常的感觉。

黑色运用范围很广，能和许多色彩搭配，构成良好的对比调和关系，是最有力的搭配色。

黑色还具有庄严的含义，因此也经常被用在一些特殊场合的空间设计中。许多生活用品和服饰都会利用黑色，以塑造高贵的形象。

黑色作为背景色，不同明度的灰色为主色，页面层次感是十分强烈的，加入黄色做点睛色，减弱黑色与灰色的颓废感，为页面添加活力

黑色做主色，红色作为辅色，因此本页面的视觉冲击力是极度强烈的，加入中性色灰色，适当减轻视觉刺激

4.5.8　白色

白色的明度最高，无色相，是光明、和平与神圣的象征色，这种颜色会给人一种明

亮、干净、畅快、朴素、雅致与贞洁的感受。在商业设计中，白色象征高级、科技的意象，可以与任何颜色搭配使用，也是一种永远流行的颜色。

纯白色会带给人寒冷、严峻的感觉，所以在使用白色时，都会掺入一些其他的色彩，形成新的颜色，如象牙白、米白、乳白或苹果白。

白色作为主色，灰色为背景色，两种容易搭配的颜色组合突出主题又不会显得突兀，页面中可以添加任意点睛色

大面积白色作为背景色，黑色与红色做点睛色，添加视觉冲击力，给人高贵而又明快的感觉，搭配褐色作为主题色，温暖而又和谐

4.5.9　灰色

灰色介于黑色和白色之间，中性色、中等明度、无色彩。灰色能够吸收其他色彩的活力，削弱色彩的对立面，从而制造出融合的作用，是一种中立色，具有中庸、平凡、温和、谦让、中立和高雅的心理感受，也被称为高级灰，是经久不衰、最经看的颜色。

任何色彩加入灰色都能显得含蓄而柔和。但也容易给人颓废、苍凉、消极、沮丧、沉闷等负面的感受，在网页设计色彩搭配中，如果搭配不好，页面容易显得灰暗、脏。

灰色与其他色彩混合可以有红灰、黄灰、蓝灰等多种彩色灰，这都是灰色调，而并不单指纯正的灰色。

灰色作为主色，白色作为背景色，加入小范围红色，增添页面活力

灰色作为背景色可以与许多鲜艳颜色搭配，为页面增添活力，减轻页面颓废感

4.6 网页中色彩的特性

　　网页中的色彩运用与搭配并不像想象中那么简单。因为网页上的色彩传输使用的是数字色彩，即使在显示时没有失真，但由于个人使用的计算机设备、操作系统和色彩模式的不同，浏览者看到的色彩会随着设备显示器环境的变化而改变。

　　为了能够让精心制作的网页和色彩更精确地传达给浏览者，在设计制作网页时要尽量消除色彩在传播中的差别。

4.6.1 网页色彩的特性

　　色彩是浏览者浏览网页时最富有表现力和感染力的视觉元素，无论是多么相同的颜色，透过不同计算机的显示器中传播出来的颜色，看起来也都多少会有些差异的，只有正确掌握网页色彩的特性，才能合理应用色彩，制作出令人心旷神怡的精美网页。

　　8 位元色彩能够表现 256 种色彩，人们经常说到的真彩是指 24 位元色彩，也就是 256 的 3 次方、16777216 种色彩。

　　在网页中指定色彩时，主要运用 16 进制数值的表示方法，为了用 HTML 表现 RGB 色彩，使用 10 进制数 0~255，改为 16 进制值就是 00~FF，用 RGB 的顺序罗列就成为 HTML 色彩编码。例如在 HTML 编码中 000000 就是 R（红）、G（绿）、B（蓝）都为 0 的状态，也就是黑色。相反的，FFFFFF 就是 R（红）、G（绿）、B（蓝）都是 255 的状态，就是 R（红）G（绿）B（蓝）最明亮的状态进行科学合成的色彩。

4.6.2 网页色彩的表现原理

　　计算机显示器是由无数个被称为像素的小点组合构成的，利用电子束表现色彩，将光的三原色 R（红）、G（绿）、B（蓝）组合成的色彩按照科学的原理表现出来。

　　一个像素包含 8 个元色彩的信息量，有从 0~255 的 256 个单元。0 是完全无光的状态，255 是最明亮的状态。

4.6.3 网页安全色

　　网页安全色是指以 256 色模式运行时，在不同硬件环境、不同操作系统、不同浏览器中显示的颜色都是相同的。

　　在设计制作网页的时候，尽量使用网页安全色，这样不会让浏览者看到的效果与制作时相差太多，否则浏览者看到的页面颜色与最初制作的页面颜色可能会出现偏色很严重的情况，导致制作者配色方案的意愿就不能够正常地传达给浏览者。

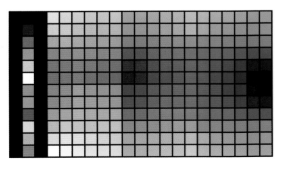

　　网页安全色就是当红色（Red）、绿色（Green）、蓝色（Blue）颜色数字信号值为 0、52、102、153、204、255 时构成的颜色组合，它一共有 6×6×6=216 种颜色（其中彩色为 210 种，非彩色为 6 种）。

216 种网页安全色在需要实现高精度的渐变效果或显示真彩图像、照片时，多少会有一些欠缺，但在表现徽标或二维平面效果时则是足够的。

但许多网站利用其他网页安全色，也可以做出新颖独特的网站风格，因此建议设计师可以更好地搭配使用安全色和非安全色，而不是刻意地局限在 216 种网页安全色范围内的颜色。

4.6.4　颜色模式

使用 Photoshop 等具有强大的图像处理功能的软件，对颜色的处理是其强大功能不可缺少的一部分。因此首先应该了解一些有关颜色的基本知识和常用的视频颜色模式，这对于生成符合我们视觉感官需要的图像无疑是大有益处的。

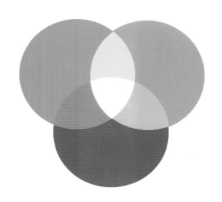

● RGB 色彩模式

自然界中所有的颜色都可以用红、绿、蓝这三种颜色调配而成，这就是人们常说的三基色原理。电视机和计算机的显示器都是基于 RGB 颜色模式来创建其颜色的。

把三种基色交互重叠，就产生了次混合色，引出了互补色的概念，三种等量组合可以得到白色。基色和次混合色是彼此的互补色，例如青色由蓝色和绿色构成，缺少红色，所以青色和红色为互补色。

● CMYK 色彩模式

CMYK 颜色模式是一种印刷模式。四个字母代表四种颜色的油墨，分别为 C：青、M：洋红、Y：黄、K：黑。CMYK 模式在本质上与 RGB 模式没有什么区别，只是产生色彩的原理不同。

由于 C、M、Y、K 在混合成色时，随着 C、M、Y、K 四种成分的增多，反射到人眼的光会越来越少，光线的亮度会越来越低，所有 CMYK 模式产生颜色的方法又被称为色光减色法。

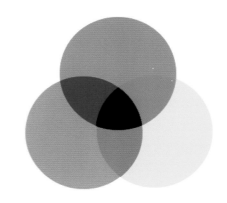

● HSB 色彩模式

HSB 颜色模式是基于人对颜色的心理感受的一种颜色模式。三个字母分别代表色泽、饱和度及亮度。它是由 RGB 三基色转换为 Lab 模式，再在 Lab 模式的基础上考虑了人对颜色的心理感受这一因素而转换，比较符合人的视觉感受。

● Lab 颜色模式

Lab 颜色是由 RGB 模式转换为 HSB 模式和 CMYK 模式的桥梁，是由 RGB 三基色转换而来的。

该颜色模式由一个发光率和两个颜色轴组成，这种颜色不论使用任何一种监视器或者打印机，Lab 的颜色不变，是一种具有"独立于设备"的颜色模式。"a"表示从洋红至绿色的范围，"b"表示黄色至蓝色的范围。

在宽度、高度和分辨率相同的情况下，位图模式的图像尺寸最小，约为灰度模式的 1/7 和 RGB 模式的 1/22 以下。

● **索引颜色模式**

索引颜色模式是 Photoshop 中制作 GIF 图片时一定要用的图像模式，当彩色图像转换为索引颜色的图像后，包含近 256 种颜色。

如果原图像中颜色不能用 256 色表现，Photoshop 会从可使用的颜色中选出最相近的颜色来模拟这些颜色，以减小图像文件的尺寸。

● **灰度模式**

灰度模式是无色彩模式，也是在制作黑白图片时使用的模式，可以使用多达 256 级灰度来表现图像，使图像的过渡更平滑、细腻。

● **双色调模式**

双色调模式是在黑白图像中加入颜色，使原图像色调更加丰富。在将灰度图像转换为双色调模式的过程中，可以对色调进行编辑，产生特殊的效果。而使用双色调模式最主要的用途是使用尽量少的颜色表现尽量多的颜色层次。

RGB、CMYK 等颜色模式都不可以直接转换为双色调模式，必须先将彩色模式转换为灰度模式，然后再转换为双色调模式。

● **位图模式**

位图模式用黑、白两种颜色表示图像中的像素。位图模式的图像也叫做黑白图像，由于位图模式只用黑白色来表示图像的像素，在将图像转换为位图模式时，会丢失大量细节，因此 Photoshop 提供了几种算法来模拟图像中丢失的细节。

4.7 网页配色的基本方法

形式（即布局）、色彩、图像和文字信息组成网页整体视觉层面，而色彩才是主要影响整体观感、设计品质以及受众情绪的重要因素。

网页设计师在决定网页配色方案时，往往要经过反复思考，好的色彩搭配能给浏览者带来强烈的视觉冲击力，更能完美地表达一个网站的主题和网站的信息，表现出网站的内涵；相反不恰当的色彩搭配则会让浏览者感到烦躁。

4.7.1 文本配色

一般而言，网页文本配色需要更强的可读性和可识别性，例如一些柔和、素雅的网页背景色通常会配上深色的文字这样看起来自然、舒适。因此可以发现，文本颜色与背景颜色有明显的差异，可读性和可识别性就很强。

文本配色主要使用明度的对比配色或者利用补色关系的配色。一般使用灰色或白色等可读性高的无彩色作为背景色，和其他颜色也容易搭配。若使用一些个性的颜色，就要注意颜色的对比度问题了。

另外还要注意的是在文本背景下如果使用对比度较高的图像，就会降低文字的可识别性，这时应该考虑降低图像对比度，并使用纯色的背景。

4.7.2　网页配色关系

实际上，网页设计师通常会按照设计的目的来考虑与形态、肌理有关联的配色及色彩面积的处理，这样才能在网页设计中恰当地使用颜色。为了突出视觉效果，在设计制作时要注意考虑以下几点。

⬤ **图像色和底色**

网页中若使用图像时，图像颜色要和底色有一定的对比度，这样才可以很明确地传达要表现的内容，并且突出的图像颜色能够吸引浏览者的注意力。

⬤ **整体色调**

想要控制好页面整体色调，首先要控制好构成整体色调的色相、明度、纯度关系和面积关系等。

在设计制作前，先在配色中心决定整个页面的大面积的主色，然后通过主色选择不同的配色方案。

若使用暖色和纯度高的颜色作为主色，会给人以火热刺激的感觉，反之使用冷色和纯度低的颜色作为主色调，则会给人以清冷、平静的感觉。明度高的颜色为主色，整个页面会显得明亮轻快，明度低的颜色作为主色会显得比较庄重、肃穆。

4.7.3 文本配色平衡

颜色的平衡就是颜色的强弱、轻重、浓淡这种关系的平衡，一般同类色配色比较容易平衡。处于补色关系且明度也相似的纯色配色会因过分强烈感到刺眼，成为不调和色。

在设计网页时，要仔细考虑色彩间的各种对比现象和一贯性。统一的配色虽然可以给人一贯性的感觉，方便配色，但要注意的是这样的配色会使人产生腻烦感。例如在使用紫色和蓝色这样相近色搭配时，要充分考虑明度差和饱和度差进行调和配色；而红色和蓝色的配色相互构成对比，色彩差强烈而又华丽，会给人很强的动感。

利用色彩的明度差和饱和度差可以做到多种感觉的配色。

在网页配色中，整体平衡是非常重要的，例如为了强调标题，使用对比强烈的图像或色彩，而正文使用暗色调或随意使用补色作为强调色，这样浏览者在浏览网页时，注意力就会被分散。若使用较暗的标题背景色，标题和正文的颜色使用最引人注意的白色，或标题文字较大，这样的画面就会互相冲突、显得杂乱。

4.7.4 确定网页的主题色

色彩是艺术表现的要素之一。在网页设计中，根据和谐、均衡和突出重点的原则，将不同的色彩进行组合搭配来构成美丽的页面。同时应该根据色彩对人们心理的影响，合理地使用色彩，同时还要注意，国家、种族、宗教、信仰以及生活的地理位置、文化修养的差异等，不同的人群对色彩的喜好程度有着很大的差异。

　　按照色彩的记忆性原则，一般暖色比冷色的记忆性强。色彩还具有联想与象征的特质，虽然网页的颜色应用并没有数量的限制，但不能毫无节制地运用多种颜色。一般情况下，先根据总体风格的要求定出一到两种主色调，然后再根据主色调确定不同的辅色。有企业形象识别系统的，要充分利用企业标准色。

4.8　本章小结

　　优秀的用户体验除了要方便用户访问外，还要在视觉上给用户带来好的享受。色彩的搭配就显得尤为重要了。恰当的配色除了可以更好地烘托主题，提高用户的体验感受外，还可以起到引导用户访问流程的作用。

　　本章主要讲解了色彩搭配在网页设计中的重要性。通过学习读者要了解色彩搭配的基础和网页设计的色彩搭配原则，并对网页中色彩的特性有所了解，将不同颜色的色彩特性和联想熟记在心。

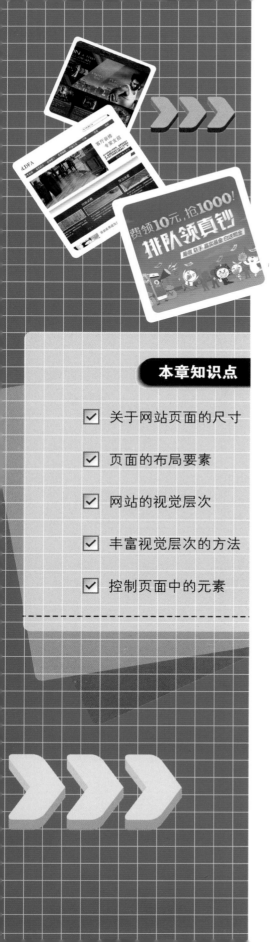

本章知识点

- ☑ 关于网站页面的尺寸
- ☑ 页面的布局要素
- ☑ 网站的视觉层次
- ☑ 丰富视觉层次的方法
- ☑ 控制页面中的元素

第 5 章 提高用户体验的要素

网页的用户体验是由很多因素决定的，既由一些操作是否方便决定，也由页面美观性决定。总之网页设计至少要符合目标用户的审美习惯，并具有一定的引导性。在本章将针对网页设计中的一些规范进行学习。

5.1 确定网页的尺寸

网页尺寸的设定和书本不同，书本的开本基本是固定的，作者和读者看到的尺寸都是一样的。而网页的尺寸受限于两个因素：显示器的尺寸和浏览器软件。用户在不同的显示器上或使用不同的浏览器都会产生不同的体验。

显示器的尺寸：显示器的品牌很多，尺寸也不尽相同。常见的有 13 寸、15 寸、17 寸、19 寸和 21 寸等。

浏览器：时下浏览器很多，常用的浏览器包括 IE、Firefox 和 Safari。

不同的页面设计在不同尺寸的显示器上或不同浏览器上显示效果可能完全不同。所以在设计页面时，一定要考虑到显示器和浏览器等因素的影响。

过去网页的尺寸以 800×600 分辨率为主，慢慢过渡到 1024×768 分辨率。而且现在大部分的显示器都是大屏幕宽屏，所以设计时要将这部分用户的体验考虑进来。

水平分辨率

垂直分辨率

显示器的尺寸

由于用户可以方便地通过鼠标的滚轴滚动查看页面，所以网页的高度基本可以不用考虑。对于高度也没有限制。但是由于不同浏览器的工具栏不同，对于页面第一屏的高度有一个固定值。

提示

对于网页的高度虽然没有明确的限制，但是设计师尽量将页面的高度控制在三屏以内，这样可以保证用户不会产生疲倦感。

　　网站宽度对于网站的页面效果尤为重要。在开始分析该用什么样的宽度之前，先看一下现在国内较为著名网站的页面宽度。

站　点	页面宽度	站　点	网页宽度
新浪（www.sina.com.cn）	1000px	网易 (www.163.com)	960px
淘宝 (www.taobao.com)	1190px	腾讯 (www.qq.com)	1000px
搜狐 (www.sohu.com)	950px	优酷（www.youku.com）	1190px

　　以上 6 个网站都属于页面结构复杂的门户型网站。新浪和腾讯的页面宽度都选择了 1000 像素，搜狐和网易的页面宽度分别为 950 像素和 960 像素。淘宝和优酷的页面宽度都为 1190 像素。由于当前网站类型日益丰富，浏览器种类众多，就造成了页面宽度也不一致的情况。

　　设计师在设定页面宽度时，除了要考虑网站本身的特性以外，还要考虑一些浏览器本身特性对页面宽度的影响。浏览器影响页面宽度的因素有滚动条和边界。

- 滚动条

　　用户一般的浏览习惯都是从上向下浏览，页面内容超过一屏后，会在页面的右侧自动产生滚动条，滚动条的宽度通常为 18 像素。在设计页面的时候，要将滚动条的宽度计算到页面的总宽度中。

> 提示　　当页面宽度超过了显示的宽度，会在浏览器的下部自动产生横向滚动条。横向滚动条不符合大部分人的浏览习惯，一般人看起来会很不适应，要尽量避免出现。

- 边界

　　虽然现在很多用户都使用了宽屏的显示器，但是为了考虑所有用户的感受，设计页面时，通常还是以 1024×768 像素为标准。这样的页面如果用户使用宽屏浏览时，左右两侧就会出现白色的边界。页面忽然截断会影响页面浏览的美观性，所以也要对边界进行适当的设计。

边界的存在使整个页面显得清晰且整齐

页面两边留白，会破坏页面的整体一致性。设计师通过为页面添加背景颜色或图案，使页面的整体感向两侧扩展，获得更好的页面效果。也可以在页面的顶部设计一个通栏的导航，起到延伸页面的效果。

在页面顶部设计一个通栏的导航，既起到辅助导航的作用，又使页面的第一屏效果不会受到边界的影响

通过为页面添加一个背景颜色，可以使整个页面的效果风格保持一致，不会出现留白的边界效果

提示

通常可以使用纯色或者图案作为网站的背景，这样可以通过重复使用得到自然过渡的背景效果。如果使用一张图片作为背景，那么当页面变大时，背景衔接位置会出现清晰的拼贴轮廓，严重影响页面效果。

通过对几个门户网站的分析，不难发现一些规律：

在 IE 浏览器下，网页宽度是显示器分辨率减 21。例如 1024 的宽度减 21 得到 1003，那么为了方便记忆，页面宽度就可以设置为 1000。在 Firefox 浏览器下，网页宽度是显示器分辨率减 19，例如 1024 的宽度减 19 得到 1005，同样也可以将页面的宽度设置为 1000。总结以后发现，在 1024 分辨率下，将页面的尺寸设置为 1000，就可以满足需求了。

 提示　在实际的网页制作中，由于很多浏览器内都加入了一些插件，会影响页面的宽度。所以要适当将页面的宽度设置得再小一点，例如在 1024 的分辨率下，将宽度设置为 995 就比较安全了。

➡ 实例 03+ 视频：设计一个家居网页

本实例通过使用 Photoshop 绘制一个家居网页，向读者展示一个宽度为 1000 像素的网页。在超出页面宽度的边界部分，利用图案以及渐变色作为背景，使整个页面向两边扩展，具有统一页面的作用。

◉ 配色方案

使用深色胡桃木作为整个页面的主色，很好地体现出了该网站的家居特点，以白色为底色使页面看起来更加干净、整洁，而文字部分则主要采用橘色，以达到突出主题的目的。

主色：#663300	辅色：#ffffff	文本颜色：#ef5019

该网站的页面宽度为 1000px，可以满足大多数用户的需要

为页面添加图案和背景，使页面的整体感向两侧扩展，从而得到更好的页面效果

🏠 源文件：源文件 \ 第 5 章 \5-1. psd　　📶 操作视频：视频 \ 第 5 章 \5-1. swf

● 制作步骤

01 ▶ 新建一个 Photoshop 文档，设置各项参数。

02 ▶ 按快捷键 Ctrl+R 打开标尺，在画布中拖出参考线，确定页面整体布局。

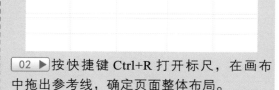

03 ▶ 打开 "素材 \ 第 5 章 \51101.png" 图像，并将其合并到新建文档的适合位置。

04 ▶ 使用 "矩形选区工具" 配合 "椭圆选区工具" 创建选区，并羽化 50 像素。

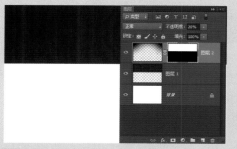

05 ▶ 新建图层为其填充黑色，调取图像的选区，为新建的图层添加图层蒙版。

06 ▶ 使用相同的方法将图像 51102.png 导入到画布中，并绘制渐变矩形。

07 ▶ 使用 "矩形工具" 等形状工具配合 "图层样式"，制作出页面的框架结构。

08 ▶ 使用 "圆角矩形工具" 等形状工具配合 "图层样式" 制作页面顶部的搜索条。

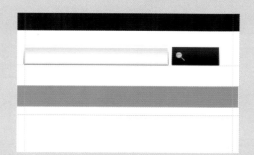

09 ▶ 使用"横排文字工具",输入相应的文字内容。

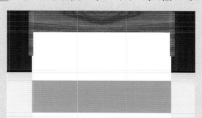

10. ▶ 打开"素材\第 5 章\51103.png"图像,并移至导航条形状图层的上方。

11 ▶ 按快捷键 Ctrl+Alt+G 为刚拖入的图像创建剪贴蒙版。

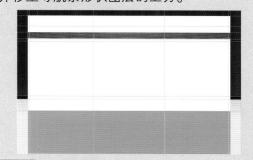

12 ▶ 使用相同的方法将其他图片素材拖入到设计文档中的适合位置。

13 ▶ 再使用相同的方法将其他图片素材拖入到设计文档中的适合位置。

14 ▶ 使用"横排文字工具"分别输入导航栏、大标题等文字内容。

15 ▶ 使用"形状工具"再次进行细节处理,完成整个页面的制作。

? 提问

提问:如何控制网站页面的高度?

答:首先网站的高度没有特定的限制,但很明显,一个过高的网站页面会严重影响用户浏览的体验。所以要尽量减少页面的高度,最好控制在两屏以内。针对较多的页面内容可以通过多标签、列表的方式展示。

5.2 合理的页面布局

用户在浏览网页的时候，总是希望可以快速找到自己需要的内容，否则用户通常会选择马上离开。合理的页面布局可以使用户快速发现网站的核心内容和服务，本节将针对页面的合理布局进行学习。

5.2.1 网站页面布局的要素

无论设计师想怎样布局页面，都要遵循用户的浏览习惯，将网站内容合理有序地呈现在用户面前，把重要的信息放置在页面的醒目位置，使其更易被用户发现。同时网站的界面布局也在一定程度上反映出网站的运营思路，并影响最终的网站营销效果。

🔵 **从上到下，从左到右，按照内容重要性的优先级有序放置**

对于用户来说，更喜欢设计美观、操作简单的页面。根据人的阅读习惯，可以将页面内容分栏摆放。采用简单的单栏或双栏布局，用户只需要从左到右、从上到下浏览页面即可。可以将重要的内容（例如新闻更新、会员注册等内容）放置在页面的左侧或上部，其他内容根据重要的程度依次摆放。

在页面的左上角放置网站的标志，提醒用户正在访问的页面

页面的左侧放置了"搜索"和"本周强推"栏目，可以方便用户查找最新的文章

页面采用了三栏的布局方式，结构清晰，内容丰富，非常方便用户浏览

🔵 **重要的内容一定要放在页面显眼的位置**

人视觉的浏览顺序通常是从左上角滑向右下角，然后回到中心再滑向右上，最后滑向左下。根据这个习惯，将页面中的不同内容依次放置在不同位置，将重要内容放置在左上角位置。也可以放置在页面中间位置，被用户反复查看。

页面的左上角一般用来放置网站的标志、最新更新内容、用户注册登录和最新广告内容

网站的内容不要超过三屏，不然用户会迷失在大量的内容中，无所适从

建立清晰的视觉层次感

用户浏览页面时都会对视觉层次进行分解，筛选出需要的东西。好的视觉层次通过预先处理，用一种用户能快速理解的方式对页面进行组织并区分优先级，从而减少了用户的工作。假如一个页面没有清楚的视觉层次，所有内容都看起来一样重要，势必会降低用户的扫描速度。

页面中将重要的标题与产品小标题区分开，便于用户浏览查找

将产品分类统一地排列摆放，方便用户查找感兴趣的内容

同级页面布局要统一

作为同一站点中的同级页面，例如网站的所有二级页面或网站用户注册页面，都要尽量保持一致的设计风格和布局，不要为了追求新奇而改变设计。用户每打开一个页面都要重新熟悉布局，严重影响体验，会造成网站整体感觉凌乱，毫无章法。网站如果没有了统一风格就很难被用户记忆。

首页面和二级页面都采用了同样的配色方案，同时使用了相同的图案元素。用户在浏览时，视觉上会被反复刺激，可以对网站留下深刻印象

合理的应用嵌套

网页中的内容很多，要一一罗列出来会占用大量的页面空间。遇到页面同级别或同类的内容时，可以通过嵌套的方式展示，既可以节省空间，又方便用户快速查找。

将不同类别的内容通过嵌套的方式显示在同一位置，在节省空间的同时，方便了浏览

使用选项卡的方式组合类似的网页内容

● **合理地体现视觉关联**

网站中的内容具有一定的关联性，用户浏览完一项内容后，会想浏览另一个与该内容相关的内容。设计页面时，要巧妙地利用图片和图标关联内容，方便用户快速找到具有连贯性的内容。

在表现类似的内容时，可以选择使用类似的设计方案，引导用户浏览不同的内容

提示　网站的内容很多，首先要将收集来的各种素材分类，然后再针对网站策划设计网站的草图，将不同的内容按重要程度排列，再将同类的内容合并整合，完成网站页面的布局设计。

➡ 实例04＋视频：设计美食类的网站页面

本实例通过绘制一个美食类的网站首页，介绍创建页面布局的方法。实例中将网站的标志放在页面的左上角，页面采用了两栏的布局方式，左侧页面主要放置一些关于网站的核心内容，通过合理的设计将网站的重点内容突出；右侧放置一些辅助导航，以方便用户浏览。整个页面的结构清晰，内容丰富。

● **配色方案**

主要以鲜艳的橙色作为主色，与褐色系的辅色搭配，可以很好地分出主次结构，文字部分采用了与褐色相近的颜色，既便于用户浏览阅读，又不会给用户刺眼的感觉。

主色：#ef8338	辅色：#330000	文本颜色：#392a00

根据人的视觉浏览顺序，将搜索条与登录窗口放在了整个页面的上方

页面采用了两栏的布局方式，结构清晰，方便用户浏览

在同级页面中采用了统一的排列方式，方便用户记忆页面布局

源文件：源文件 \ 第 5 章 \5-2-1.psd　　操作视频：视频 \ 第 5 章 \5-2-1.swf

制作步骤

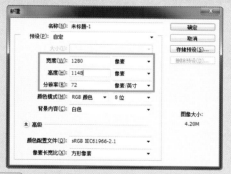

01 ▶ 执行"文件 > 新建"命令，在弹出的"新建"对话框中设置参数。

02 ▶ 执行"视图 > 标尺"命令，在画布中拖出参考线，确定页面整体布局。

03 ▶ 打开"素材 \ 第 5 章 \52101.png、52102.png"图像，将其移至新建文档的适合位置。

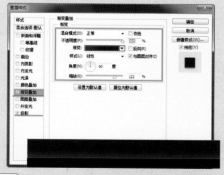

04 ▶ 使用"矩形工具"在画布顶部绘制矩形，并为其添加"渐变叠加"和"投影"图层样式。

05 ▶ 使用"钢笔工具"绘制一条路径，使用"横排文字工具"输入相应文字。

06 ▶ 为文字图层添加"斜面和浮雕"、"渐变叠加"和"投影"图层样式。

 提示

使用"钢笔工具"绘制路径主要是为了得到一个特殊的文字显示效果，也可以从"自定义形状工具"中选择已定义好的形状，作为文字路径。当使用"直接选择工具"修改路径时，文字的排列顺序也会发生变化。

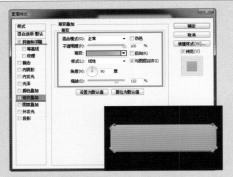

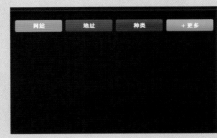

07 ▶ 使用"圆角矩形工具"绘制形状，为其添加"渐变叠加"和"斜面和浮雕"图层样式。

08 ▶ 使用相同的方法完成相似内容。使用"横排文字工具"输入相应文字。

09 ▶ 将图像 52103.png 打开并拖入到文档的适合位置，使用"矩形工具"、"椭圆工具"配合"路径操作"制作搜索栏底色。

10 ▶ 使用"圆角矩形工具"绘制矩形，为其添加"渐变叠加"和"描边"图层样式。

11 ▶ 使用"矩形工具"配合"斜切"命令绘制形状，创建图层蒙版，修改其"不透明度"为 20%。

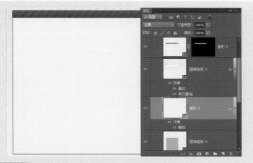

12 ▶继续绘制矩形，添加图层样式，调整图层顺序。

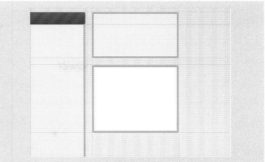

13 ▶使用相同的方法将其他结构绘制出来。

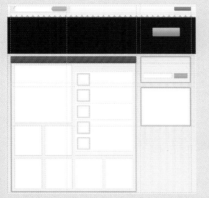

14 ▶使用形状工具配合图层样式将页面的具体框架绘制出来。

15 ▶将相关素材图像打开，拖到设计文档的适合位置，并调整图层顺序。

16 ▶打开"字符"面板，使用"横排文字工具"输入相应文字。

17 ▶使用形状等工具，与图层样式配合对细节部分进行调整，完成整个页面的制作。

提问：如何通过设计吸引用户的注意？

答：网站中的一个页面通常只有一个任务，其他内容只是作为辅助而存在的。所以设计页面时可以将核心内容放大，以突出重点。也可以采用醒目的色彩搭配方法，以获得更高的关注度。

5.2.2　布局中文本的应用

　　文字是帮助用户获得网站信息的重要手段，不同的字体会营造出不同的氛围，不同的字号和颜色也对网站的内容起到强调或提示的作用。

　　网站上的文字虽然受屏幕分辨率和浏览器的限制，但仍有一些准则：文字必须清晰可读，大小适中，文字的颜色和背景色有较为强烈的对比度。文字周围的设计元素不要对文字造成干扰，尽可能少使用滚动文字和图形文字。

标题采用不同的颜色和不同大小的文字，可以很好地与正文内容分开

为文字添加半透明背景，使文字效果更清晰

正文采用 12 像素、黑色字体，内容清晰

　　提示　为了保证网页在不同用户的设备上显示效果一致，网站中的文字一般都会设置为 12 像素，颜色以黑色为主，字体通常为"宋体"。为了便于查看，页面中的标题文字可以选择设置为 14 像素甚至更大些。

　　网页字体设计要遵循以下内容。

　　颜色：文字的颜色不宜过于黯淡，这样会影响视觉效果，造成阅读困难。文字的颜色要与网页的背景色形成鲜明的对比。有链接的文字颜色要与正常文字有所区分。同时文字的颜色尽量少，一般不要超过三种颜色。

在商品分类中采用了鲜艳的颜色，突出页面的主题部分

页面中的文字颜色过多，整个页面看起来稍显杂乱

白色背景、黑色文字，整个页面干净整洁，方便用户浏览查找

文字与背景颜色混淆在一起，不利于阅读

字体：标题文字和正文文字可以选择不同的字体，以便用户阅读查找。英文和数字要选择对应的字体，同时要注意与中文字体的一致性。

标题文字与正文文字可以清楚地区分 →

← 页面中的数字和英文字体要注意和中文字体的风格保持一致

大小：各级标题和正文所用的文字大小应该有所区别，不宜采用过大或过小的文字。文字过大会占用过多页面，还会影响用户的体验。文字过小可能会使一些视力不好的用户浏览页面变得困难。

正常文字大小用在页面整体功能上，方便用户浏览查看 →

→ 标题可以使用较大的文字。用户对网站的功能一目了然

→ 对于页面辅助功能可以采用较小的文字

辅助说明性文字，可以使用较小的文字

➡ 实例 05+ 视频：设计工作室页面

本实例中制作了一个工作室的页面。根据网站用户的特点，为页面中的标题文本和正文文本选择了不同的字体、字号和颜色，既保证页面效果的统一，又丰富了整个页面效果。合理地使用文本可以使整个网站页面层次丰富，结构清晰，从而方便用户浏览。

● 配色方案

实例中主要采用了白色系与绿色系的搭配，给人以整洁清晰的感觉，文字内容与背景的对比也很清晰，正文部分以深色为主，在需要突出的部分则采用了草绿色，整个页面结构清晰，文本应用合理，不仅优化了页面，还可以给用户以良好的体验效果。

主色: #141e1f	辅色: #91e007	文本颜色: #000000

通过不同的字体
将标题与正文区
别开

正文内容使用 12
像素大小的宋体

为链接指定特殊
颜色。在统一风
格的同时，又突
显链接内容

源文件：源文件 \ 第 5 章 \5-2-2.psd　　　　操作视频：视频 \ 第 5 章 \5-2-2.swf

制作步骤

01 ▶ 打 开 Photoshop 软 件，执 行"文 件 >
新建"命令，新建一个空白文档。

02 ▶ 执行"视图 > 标尺"命令，在画布中
拖出参考线，确定页面整体布局。

03 ▶ 设置"前景色"为 #f8f8f8，按快捷
键 Alt+Delete 填充画布。

04 ▶ 打开"素材 \ 第 5 章 \52201.jpg"图像，
并将其合并到新建文档中。

05 ▶ 使用"矩形工具"绘制一个"填充"
为 #121c1d 的矩形。

06 ▶ 使用"圆角矩形工具"绘制矩形，并
添加"渐变叠加"和"描边"样式。

07 ▶继续绘制圆角矩形，调整角度，添加"高斯模糊"效果，并修改其"不透明度"为 15%。

08 ▶继续绘制圆角矩形，使用"直接选择工具"调整矩形形状，并添加"渐变叠加"和"投影"图层样式。

09 ▶使用相同的方法制作相似内容。

10 ▶使用"圆角矩形工具"配合"路径操作"绘制一个填充为白色的圆角矩形，按快捷键 Ctrl+J 复制一层。

11 ▶修改圆角矩形的填充为 #1a2425 到 #2e3f41 的渐变色，并向上移动 1 像素。

12 ▶选中刚绘制的两个圆角矩形，按快捷键 Shift+Alt 进行复制，修改上层圆角矩形的渐变色。

13 ▶使用相同的方法制作其他相似内容。

14 ▶打开"素材\第 5 章\52202.jpg"图像，并将其合并到新建文档中。

15 ▶ 使用相同的方法将其他素材拖入到设计文档中。

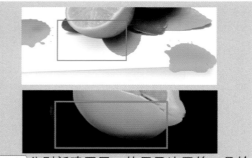

16 ▶ 分别新建图层，使用柔边画笔工具绘制阴影效果。

17 ▶ 按住 Ctrl 键调取水果下方的圆角矩形选区，为水墨形状的图像添加图层蒙版。

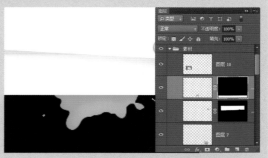

18 ▶ 分别新建图层，使用柔边画笔工具绘制阴影效果。

19 ▶ 新建图层，使用柔边画笔工具在 52201.png 图像下方制作画笔的投影效果。

20 ▶ 使用"钢笔工具"绘制形状，并填充一个与墨迹相似的渐变颜色。

21 ▶ 使用相同的方法制作相似内容。

22 ▶ 打开"字符"面板，适当设置各项参数值，使用"横排文字工具"输入相应的文字。

23 ▶ 使用"直线工具"在文字"成功案例"的下方绘制粗细为 2 像素的直线。

24 ▶ 新建图层，设置方头笔刷的"间距"为 400%，在画布中进行绘制。

25 ▶ 使用相同的方法在文字"新闻"下方进行绘制。

26 ▶ 使用"直线工具"在其余文字下方绘制直线，制作下划线效果，完成整个页面的制作。

提问：网页中的文字可以使用其他字体吗？

　　答：用户使用的计算机中安装的字库不同，会导致设计师所设计的页面与最终在用户计算机屏幕上显示的内容不一致。所以在使用中文字体时，尽量采用宋体和黑体等默认字体。可以以图片的方式使用其他字体。

5.3　了解网页设计的视觉层次

　　要想设计出好的网页作品，需要考虑很多东西，视觉层次就是网页设计背后最重要的原则之一。通过合理的设计，网页各部分内容层次分明，用户可以在众多信息中快速找到自己需要的信息。

　　网页的视觉分层会直接影响到用户浏览页面，例如用户浏览页面时，通篇的文字会很快让用户厌倦而选择其他站点。设计师可以将文章分为几个部分，并分别配上醒目的标题，让用户有选择地阅读感兴趣的部分，这样既满足了用户的需求，又保证用户继续留在站点中。

> 大枣有300多个品种，有红枣、南枣、圆枣、金丝枣、布袋枣、扁枣、相枣、脆枣、大糖枣、无核枣等。婴幼儿吃枣泥，老弱者吃大枣，比吃其他果品好。
> 大枣中尚含有维生素C、核黄素（Riboflavine）、硫胺素（Thiamine）、胡萝卜素（Carotene）、尼克酸（Nicotinic acid）等多种维生素。此外，大枣中尚含树脂、黏液质、香豆素类衍生物、儿茶酚（Cate鞣质（Tannin）、挥发油、13种氨基酸及钙、磷、铁、硒等36种微量元素。

通篇文字给浏览者带来视觉上的疲劳感，很难清晰表达内容

> **大枣的种类**
> 大枣有300多个品种，有红枣、南枣、圆枣、金丝枣、布袋枣、扁枣、相枣、脆枣、大糖枣、无核枣等。婴幼儿吃枣泥，老弱者吃大枣，比吃其他果品好。
>
> **大枣中的价值**
> 大枣中尚含有维生素C、核黄素（Riboflavine）、硫胺素（Thiamine）、胡萝卜素（Carotene）、尼克酸（Nicotinic acid）等多种维生素。此外，大枣中尚含树脂、黏液质、香豆素类衍生物、儿茶酚（Cate鞣质（Tannin）、挥发油、13种氨基酸及钙、磷、铁、硒等36种微量元素。

将一篇文章按照不同内容分区域摆放，增加页面的层次感，用户浏览起来更轻松

5.3.1 控制层次的尺寸

设计中可以通过调整对象的大小实现突出重点的作用，可以引导用户的视觉到页面的重点位置。通过调整页面中不同元素的大小，可以很好地组织页面，达到预期效果。页面中最大的部分或最小的部分是最重要的部分。

页面中最大的部分就是汽车，很明显这是一个以汽车为主题的网站。网站的重点不言而喻

页面中较小的图标是页面上最重要的地方，通过点击图标可以进入网站中不同的栏目

5.3.2　丰富的层次色彩

　　颜色是一个非常有趣的工具，它既可以作为组织层工具，也可以是实现极富个性的页面效果的工具。颜色可以影响网站品牌的象征意义，例如可口可乐的网站采用了代表热情、柔和的红色。

可口可乐网站采用了其企业的标准色作为主色

在统一整个设计外，很好地向用户传递了热情、柔和的产品体验感

　　大胆地使用对比强烈的颜色可以增强页面中特定元素的关注度，例如按钮、错误信号和链接。当作为个性的工具使用时，颜色可以使层次延伸到更丰富的情感类型。例如使用充满生机的颜色，可以给浏览者带来轻松愉悦的感受。

使用对比强烈的红色作为按钮的颜色，用户可以很快发现并点击

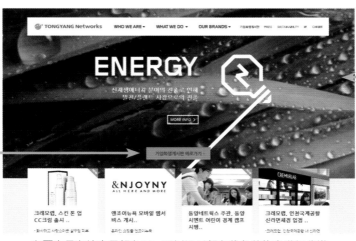

使用绿色作为主色，很好地烘托出产品的纯天然、健康因素

在更高层次地应用颜色时，可以通过颜色将各种信息进行分类

5.3.3　对比的应用

　　在页面中合理地应用对比，可以增强页面的层次感，具体包括对象大小的对比和颜色的对比。页面中采用不同大小的文字，和不同的颜色传递给用户的信息也都是不同的。

　　除了可以通过对比提高用户对页面某一部分的关注度外。使用对比还可以将页面信息很好地分类，以方便用户阅读。在表现页面的主体和版底时，可以采用从浅颜色过渡到深颜色的方式。

字体大小的对比可以引导用户访问页面

通过颜色的对比实现页面布局的调整

5.3.4 对齐页面层次

　　通过对齐页面中的元素可以实现不同位置的层次感，可以让用户很好地区分页面中的"内容栏"和"侧边栏"，从而选择阅读的页面内容。

　　比较常见的网页对齐方式是三栏排列，也有一些网站采用了特殊的对齐方式，页面效果更加独特，在方便用户浏览的前提下，又很好地刺激了用户的好奇心。

使用对比强烈的颜色表现按钮，刺激用户的视觉，方便查找访问

页面采用了一种独特的极富灵感的网格对齐方式，增强了用户浏览的视觉层次

5.3.5 重复分配元素

　　在处理页面中的对象时，例如页面中多段的文本时，用户会由于内容的重复出现而觉得所有文本在讲解同样一个问题，这样就有可能忽略了文本段落中较为重要的部分。通过为重复的段落中的某一段指定不同的颜色或为其添加不同颜色的链接，将文本的这种重复性打破，凸显某一段文本内容。

　　设计网页时，经常会应用重复排列。但在众多排列的对象中，总有最新发布的、最多访问的和最受欢迎的对象。通过对它们采用不同的表现手法，增加用户视觉上的层次，获得更好的用户体验。

改变文本的字
体和颜色，打
破文本的重复
性出现

为重复出现的
栏目指定不同
的颜色，便于
用户选择不同
的内容浏览

5.3.6　元素的分开与接近

　　将页面中类似的内容整齐地排列在一起，这就是页面元素的接近。接近是处理内容相似元素并将它们相关联的最快方式。分开指的是页面中有些内容是相互分离的，在这些分离的对象中有单独的标题、副标题和一个新的层次结构。

左侧内容与右侧内容
为分开状态。左侧页
面中有独立的标题，
单击后可进入一个全
新的页面，这个与右
侧的页面结构不同

5.3.7　页面密度和空白

　　页面中的元素如果紧密地排列在一起，那整个页面就会感觉"重"且杂乱；当页面中的元素间距太大时，又有可能显得散漫，彼此之间失去联系。只有"恰到好处"地运用密度和空白，才可以获得良好的视觉效果。用户可以很容易地识别相关的元素。

大片的空白，给
人一种宽阔的感
觉，可提升网站
的体验满意度

将页面功能部
分整齐地排列
在页面的一角，
吸引用户的目
光，方便访问

5.3.8　巧用样式和纹理

通过为对象应用不同的样式和纹理，可以形成更为明显的层次感。在众多平淡页面中，富有质感的页面通常会引起人们的注意。例如为汽车网站添加金属质感，为建筑网站添加沥青质感。

在页面中适当添加纹理特效可以增加页面的感染力。但是过渡地使用会误导用户，使用户的注意力被特效所吸引，而忽略了网站真正要表现的东西。所以在设计页面时，要将样式和纹理应用到网站的局部元素中，例如字体、按钮和标签等，并且还要注意页面元素效果的平衡。

金属质感的文字烘托出页面的主题。同时与页面中"金刚狼"的图片相呼应

页面采用了一种磨砂的纹理作为背景，增强了整个页面的质感

同色系的搭配突显整个页面的一致性

提示

良好的视觉层次不是疯狂地使用图形或最新的 Photoshop 滤镜堆叠而成的，它是一个实用、方便、合理组织信息、具有逻辑性的页面。

如果网站中包含了很多 Flash 动画、弹出广告和闪闪发光的横幅，虽然这些广告可以成功地吸引用户的注意，但是却不能打动浏览网站的浏览者。设计师创建网站的视觉层次，但是用户却不能在页面中找到他们需要的任何信息，那这个设计方案是完全失败的。

➡ 实例 06+ 视频：设计家居类网站

本实例中将为一家家具公司设计网站页面。公司所提供的内容不多，为了突显出家具设计的独特之处，在页面的整体设计上下了很大的工夫。采用一些辅助的色块使整个页面呈现一种不规则的效果，给人留下深刻印象。

● 配色方案

页面中采用了高雅而稳重的灰色作为主色，衬托出产品的品质。将绿色作为页面的辅色，点缀在页面中，整个页面看起来更加唯美、细腻。文本颜色使用了黑色和墨绿色，在保持风格一致的前提下，又方便用户浏览。

主色：#c4c4c4	辅色：#9dba4e	文本颜色：=000000

通过色块实现页面的多层次

页面中图像的使用，起到了丰富页面层次的作用

渐层的运用使页面效果和谐且自然逼真

🏠 源文件：源文件 \ 第 5 章 \5-3-8.psd　　📶 操作视频：视频 \ 第 5 章 \5-3-8.swf

● **制作步骤**

01 ▶ 执行"文件 > 新建"命令，新建一个空白文档。通过创建辅助线将网站页面宽度确定为 1024 像素。

02 ▶ 设置"前景色"为 #c4c4c4，使用"钢笔工具"绘制一个"形状"对象。

03 ▶ 使用"矩形工具"绘制一个白色的矩形，并任意变形调整其位置和角度。

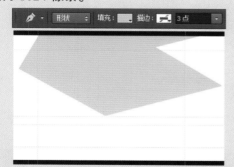

04 ▶ 将"素材 \ 第 5 章 \53701.jpg"文件打开并拖入到新建文档中。

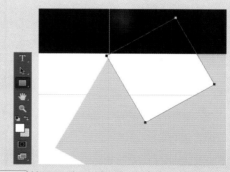

05 ▶ 使用相同的方法制作矩形，并使用"文本工具"输入全局导航内容。

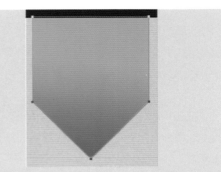

06 ▶ 设置"填充"颜色为线性渐变,绘制一个矩形形状。

07 ▶ 使用"钢笔工具"在形状对象上添加锚点,并调整锚点的位置。

08 ▶ 双击形状图层,为其添加"描边"和"内发光"图层样式,得到立体感的图形效果。

09 ▶ 新建图层,使用"画笔工具"绘制一个"不透明度"为 40% 的白色光晕效果。

10 ▶ 选择"多边形套索工具"选择部分光晕,按 Delete 键删除。

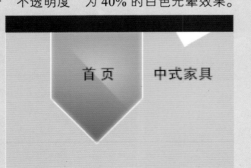

11 ▶ 在"图层"面板中调整全局导航位置,得到访问状态效果。

12 ▶ 继续采用相同的方法对页面头部进行完善,加入会员注册和联系方法。

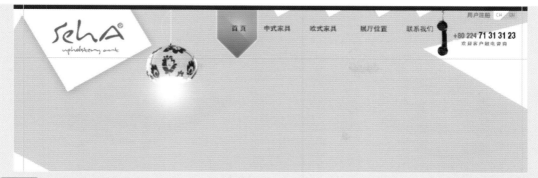

13 ▶ 打开素材图片并分别置入到网站页面中，使用"画笔工具"创建光晕效果。

14 ▶ 将"素材 \ 第 5 章 \53704.jpg"文件打开并拖入到新建文档中。

15 ▶ 使用"钢笔工具"绘制一个"形状"图形。

16 ▶ 按下 Alt 键，在"图层"面板中两图层相交位置单击，创建剪切蒙版。

17 ▶ 在选项栏中单击"设置形状描边类型"下拉选项，选择"更多选项"，设置"对齐"方式为"外部"。

18 ▶ 完成核心图的效果制作。设置"前景色"为 #b5b5b5，使用"钢笔工具"绘制形状图形。

19 ▶ 分别使用"椭圆工具"和"钢笔工具"绘制一个按钮效果。

20 ▶ 继续使用绘图工具完成另一个按钮的绘制。

21 ▶ 继续导入素材、绘制图形。将核心图的图片轮替功能完善。

22 ▶ 使用"横排文字工具"分别输入文本内容，完善页面中的内容。

23 ▶ 使用相同的方法制作页面其他部分，并导入素材，丰富页面效果。

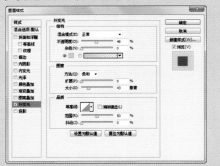

24 ▶ 选中底部绘制的形状，为其添加"外发光"图层样式，增加页面的层次。

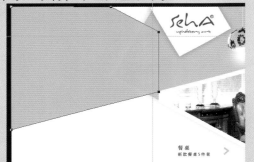

25 ▶ 使用"钢笔工具"绘制形状图形，并调整其顺序到最底层。

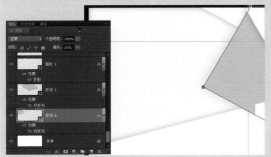

26 ▶ 为其添加"内发光"图层样式，并修改其"填充"不透明度为 20%。

27 ▶ 为该图层创建图层蒙版，使用"画笔工具"为其添加蒙版效果。

添加光影，增加
背景层次

添加光影，增加
背景层次

28 ▶ 使用相同的方法，对页面背景进行层次添加。

提问：如何制作特殊布局的页面？

答：对于布局设计较为特殊的页面，在转换为 HTML 页面时，可能会遇到无从下手的情况。网页制作者只需要按照动态页面灵活，静态页面做背景的方法就可以轻松完成制作。同时设计人员在设计页面时也要充分考虑到后期页面制作的需要。

5.4　本章小结

一个好的网站设计作品首先要做到的就是尺寸符合主流要求。太大或太小的页面都会给用户浏览带来麻烦。同时创建方便用户浏览的布局、最大化地利用页面范围，也是设计页面所要注意的。

本章针对网页的尺寸和布局进行了详细介绍，并且对网页设计中空间层次的运用也进行了学习。通过学习读者可以掌握实现丰富页面效果的方法和技巧，将尺寸和布局的概念应用到设计中，对获得更好的用户体验有很大帮助。

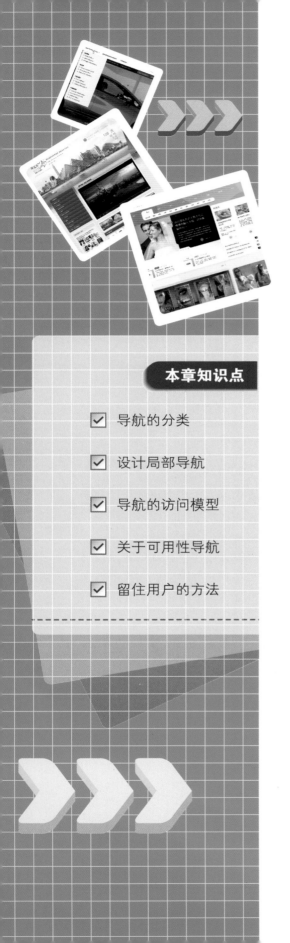

第 6 章　网站导航设计

导航是一个网站的指路标，用户在没有导航的网站中寸步难行。导航看起来很简单，但在界面设计中却是最烦琐、最复杂的一部分。本章将针对网页设计中的导航设计进行学习。

6.1　用户如何在网站中查找信息

用户访问网站的主要目的就是为了寻找信息。而导航系统就是帮助用户找到这些信息。要想设计出优秀的导航，帮助用户轻松找到他们真正想要找的东西，需要先了解一下用户查找信息的方法。

6.1.1　有目的地查找

一般来说，如果用户知道自己需要查找的内容，就会通过搜索功能来查找。但并不是所有网站的搜索功能都做得完美无缺，有时网站没有提供搜索功能，有时搜索效果又很糟糕。

导航设计中必须可以适当加入搜索功能，使人们可以快速到达他们想去的地方。

6.1.2　试探的查找

用户可能需要查找某种内容，但是不能确定具体内容，此时就会采用试探性的查找方式。例如"最新款的手机"，"怎样成为网页设计师"。用户会得到针对这个问题的回答，但是并不清楚是否是其想查找的答案。

6.1.3　不清楚需要查找什么

有时候用户对自己想要查找什么信息都不知道。例如用户需要购买一套住房，在购买之前需要了解购房的条件和流程，例如是否结婚、名下是否有房和户籍所在地等。用户在寻找某个东西，却发现实际上还需要了解其他一些东西。

6.1.4　重复查找

有时候用户可能发现了一些内容，感觉并不是自己需要的，又继续查找其他的。但又想返回刚才发现的某些东西。这种用户重复查找的情况在实际生活中非常常见，却经常被设计师忽略。

用户可以通过账号工具，例如书签、历史记录和共享，为重复查找提供最佳的支持。

为了保证用户在重复查找的过程中区分哪里访问过，哪里没有访问过，要对所有链接设置"已访问过的颜色"，这样用户就可以轻松地在已经访问过的内容中重复查找了。

6.2　导航的分类

导航的任务就是清楚地告诉用户将前往信息架构中的什么地方。最初可以只是指定链接，不过随着进一步设计导航，最终会把用户所做的一切都展现在狭小的屏幕空间里。

用户对每个信息的搜索行为都要通过特定的导航工具才能完成，按照其功能的不同可以分为 3 种导航工具：结构导航、关联导航和可用性导航。接下来针对这 3 种导航工具逐一讲解。

6.2.1　结构导航

结构导航表示网站内容的层次结构，通常会采用全局和局部导航的形式。全局导航一般是网站的顶层类别，通过全局类型很容易地访问到网站中最重要的内容。局部导航会引导用户到达网站层次结构中临近用户当前所在位置的层次。

结构导航对有目的查找和试探性查找尤其有用，有时也对"不知道自己需要什么"的那些用户有帮助。

网站全局导航，是最顶层导航，可以方便地查找页面中重要的内容

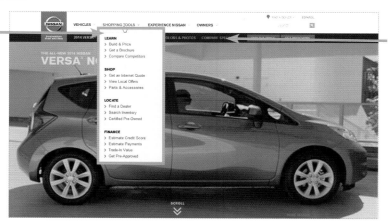

局部导航帮助用户到达临近感兴趣的位置

6.2.2　关联导航

关联导航将一个页面与包含类似内容的其他页面相关联，特别适合"试探的查找"，并且可以帮助用户发现他们"原本不知道"但却应该知道的信息。

用户搜索时提出例如"下一步是什么"，"怎么才可以"，"还需要了解什么"等问题时，关联导航可以很好地解决。

通过关联导航可以快速进入到与本页面相似的页面中

6.2.3 可用性导航

可用性导航实现了页面与帮助访问者使用网站本身的特性之间的关联。例如会员登录、访问用户信息等功能。网站中主要内容组织以外的所有内容都可以归纳为可用性导航，它对网站的功能设计非常重要。

通过登录链接，可以使用户
登录网站，并使用网站更多
功能

6.3 全局导航的设计

全局导航通常说的就是网站中的导航条，一般情况下都是在页面最上方看到的一组链接。网站的内容通常是通过建立一个层次组织系统来对所有内容分类。这个层级组织最上端的类别就是全局导航。

全局导航上的项目以及如何表示这些项目会向用户传达他们将得到些什么内容，所以项目名称的确定也同样需要深思熟虑。

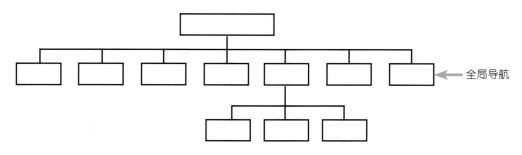

全局导航

> **提示**　用户浏览网站时，要能够随心所欲地看到自己想要看到的东西，而不用通过搜索引擎，所以全局导航要在网站的每一个页面中出现。无论用户在哪里都可以通过全局导航访问网站上的任何位置。

全局导航一般都被放在页面的顶部，这样做可以使页面中的其他内容都集中在余下部分。页面可用空间大，给设计师留下足够的设计空间。但是如果水平内容的宽度超过了页面的宽度，就会有麻烦。只能通过设计下拉选项实现效果。

也可以将全局导航放在页面其他位置，例如垂直放在页面的两侧，这样就解决了页面水平宽度不够的情况。但是由于垂直全局导航会限制局部导航以及页面内容的可用空间，一般设计师很少使用。

总的来说，无论全局导航放在页面的哪个位置，它都要出现在网站的每一个页面上。

➡ 实例 07+ 视频：设计一个全局导航

　　本实例通过使用 Photoshop 绘制一个全局导航，向读者展示一个全局导航的完整创建过程。该导航位于页面的顶部，方便设计师充分利用下面的空间。同时为了方便用户查找想要的内容，在导航中加入了搜索条元素。

● 配色方案

　　导航使用了神秘的黑色，同时使用了网站的标色蓝色作为辅助色。文本的颜色使用较易识别的灰白色。

主色：#212121	辅色：#0597ba	文本颜色：#cecece

加入搜索条，满足用户全面需求

全局导航提供了站点所有信息的分类链接

🏠 源文件：源文件 \ 第 6 章 \6-3.psd　　　　📶 操作视频：视频 \ 第 6 章 \6-3.swf

● 制作步骤

01 ▶ 新建一个 Photoshop 文档，设置各项参数。

02 ▶ 使用"矩形工具"绘制一个"填充"颜色为黑色的圆角矩形。

#202121

03 ▶ 使用"矩形工具"，设置选项栏上的各项参数，绘制一个矩形。

提示

　　绘制网页时最好使用"形状工具"绘制，这样绘制的图形没有马赛克的边缘，而且形状的效果可以通过修改选项栏中的参数实现。

04 ▶ 为刚刚绘制的矩形图层添加"图层蒙版",单击工具箱中的"渐变工具"按钮。

05 ▶ 打开"渐变编辑器"对话框,在该对话框中设置渐变的颜色。

06 ▶ 在矩形图层的蒙版上由上向下拖动,创建导航条的高光效果。

07 ▶ 选择"横排文字工具",设置"字符"面板中的各项参数。

08 ▶ 新建图层组,在画布中输入导航的文字内容。

09 ▶ 新建图层组。使用"直线工具"分别绘制 1 像素的白线和黑线。

10 ▶ 使用相同的方法继续绘制其他的线条效果。

`11 ▶`新建图层组，继续使用相同的方式绘制出二级导航链接，也就是局部导航的效果。在导航的左上角位置绘制出搜索框。

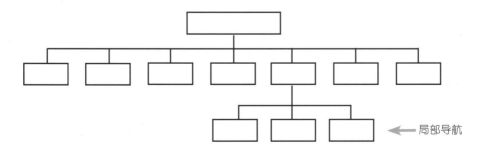

`12 ▶`导航设计完成后，可以为其添加背景，并将网站的 Logo 和用户注册元素添加进来，完善整个页面的效果。

> **提问：如何获得导航设计中的各种信息？**
> 　　答：网站中导航的内容是网站策划人员根据网站的内容反复讨论整理而来的，在开始设计工作之前已经确认了。作为设计人员，可以对策划内容提出异议，但一定不要擅自修改导航内容，这样会给团队其他人员带来困扰。

6.4　局部导航的设计

　　局部导航指的是单击全局导航中某一个选项后显示出来的导航条。这个新导航条上的栏目只和前面全局导航中那一个栏目有关，而且通常只出现在网站该栏目的每一个页面上。

（示意图）← 局部导航

> **提示**　　局部导航也称为栏目导航，因为它提供了一组链接，可以帮助用户找到某个特定栏目中的内容。

　　局部导航可以帮助用户寻找他们需要的某个东西。当用户不确定要找什么时，选择一个全局导航链接之后，局部导航可以帮助用户浏览到特定的主题。对于完全不知道自己要找什么的用户，局部导航可以提供一组相关主题供选择。

　　局部导航是一种在网站子栏目间移动的方法，利用局部导航，只需要提供同一个栏目下其他页面的链接，用户就可以从一个类别移动到子类别，然后再移回来。设计局部导航系统就是为了让用户能够轻松地在不同类别间导航。

选择一个全局导航栏目，即可打开一个局部导航列表

6.4.1　局部导航的位置

　　一般情况下，设计师喜欢将全局和局部导航放在页面顶部，以一个水平条的方式呈现，这样做使各个栏目一目了然，方便用户查找。不过局部导航并不一定放在页面顶部，可以放在页面的其他位置。

　　用户要去访问其他地方时，首先要查找的导航就是局部导航。局部导航一般都在全局导航的下面，用户访问网站时更关注页面内容，常常会忽略导航，可以将局部导航放在离页面内容更近的位置。

单击页面中的全局导航选项

局部导航放在页面的中间位置，更方便用户查找

6.4.2　局部导航的层级

　　网站中全局导航一般只有一个，而局部导航却可以有好几个，而且局部导航下面还可以创建局部导航。那么要创建多少层局部导航呢？对于一个新网站来说，由于内容不多，两层导航就足够了，也就是全局导航和一层局部导航。但是考虑到网站未来的发展，在规划网站时最好将导航设计扩展到第3层，这样可避免由于内容增加，需要重新规划设计导航的情况。

实例 08+ 视频：设计环保网站局部导航

　　本实例是为环保网站绘制局部导航。局部导航通常会与全局导航放在一起，但有时会根据网站类型的不同有所改变。本实例中为了更加开阔读者的设计理念，将局部导航放在了页面的左侧，更方便用户查看。

● 配色方案

　　该实例中使用了对比强烈的黑白色作为主色和辅色，突出整个网站的危机主题。同时在选择广告图片时，选择较为靓丽的图片作为主题。正面页面配色大气且活泼，完全将整个网站的主题表现出来。

主色：#1e1e1e　　辅色：#12467f　　文本颜色：#d44351

全局导航放在页面顶部，增加鼠标经过特效

局部导航放在页面的左侧，方便用户查看

源文件：源文件 \ 第 6 章 \6-4-2. psd　　操作视频：视频 \ 第 6 章 \6-4-2. swf

● 制作步骤

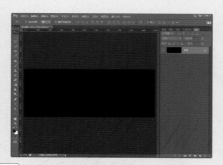

01 ▶ 打开 Photoshop 软件，执行"文件 > 新建"命令，新建一个空白文档。

02 ▶ 将文档的背景填充为 #000000 的黑色效果。

03 ▶ 使用"矩形选框工具"在画布的左侧绘制一个矩形选区，并填充 #1e1e1e 颜色。

04 ▶ 使用相同的方法继续制作一个白色的矩形效果。

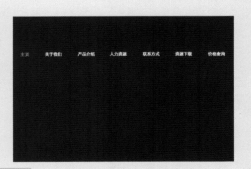

05 ▶ 单击工具箱中的"横排文字工具"按钮,打开"字符"面板,设置字体样式。

06 ▶ 新建图层组,输入导航文字内容,并修改其中一个栏目的颜色,表现访问状态。

主页　　关于我们　　产品介绍　　人力资源　　联系方式　　资源下载　　价格查询

07 ▶ 使用"直线工具"在导航文字的下方绘制一条"描边"颜色为 #2a2a2a 的直线,并使用"矩形工具"在"主页"文字的下方绘制出加粗的效果。

08 ▶ 在"组 1"图层组的上方新建"组 2"图层组。

09 ▶ 打开"素材 \ 第 6 章 \64201.jpg"图像,并将图像拖入文档中。

 提示

　　在创建"组 2"时,系统会自动将"组 2"创建在"组 1"内部,所以用户在创建之前,需要选中"组 1",然后再进行创建。

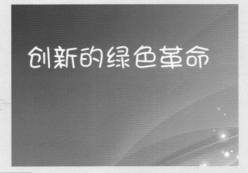

10 ▶ 单击"横排文字工具"按钮,打开"字符"面板,设置文本的各项参数。

11 ▶ 在刚刚拖入的图像上方单击,并输入广告文字。

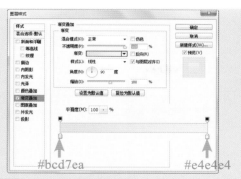

#bcd7ea　　　　　#e4e4e4

12 ▶双击刚刚创建的文字图层，在"图层样式"对话框中为其添加"渐变叠加"效果。

13 ▶单击"确定"按钮，应用"渐变叠加"效果。使用相同的方法输入其他文字效果。

14 ▶使用"画笔工具"绘制白色图形并执行"滤镜 > 模糊 > 动感模糊"命令。

15 ▶使用"圆角矩形工具"绘制一个矩形，并输入文字内容。

电缆接线片&接头　■

低电压网络

广播系统电缆

防水绝缘材料

16 ▶新建图层组，使用"横排文字工具"在文档的白色区域输入文字效果。

17 ▶新建图层，选择"铅笔工具"，设置笔触大小为 2 像素，绘制一个正方形。

电缆接线片&接头　■

低电压网络　■

广播系统电缆　■

防水绝缘材料　■

18 ▶按快捷键 Ctrl+J 复制正方形图层，并将复制的图形放置到其他文字的前方。

19 ▶在"组 3"图层组内部新建"组 4"图层组。

20 ▶ 在局部导航文字之间使用"直线工具"分别绘制1像素的白线和灰线，实现立体感的效果。

21 ▶ 为"组4"图层组添加图层蒙版，使用黑色到白色的渐变填充蒙版，实现线条渐隐效果。

22 ▶ 打开"素材\第6章\64202.jpg"图像，并将其拖入文档中，调整其大小和位置，完成页面导航的制作。

> **提问**：如何规划局部导航设计中的栏目？
>
> 答：在规划局部导航文字时，要尽量简短，同时要考虑导航组中每一个栏目之间的关系，要具有一定的联想性，也就是说用户看到一个栏目，就会联想到另一个。栏目之间的关系不要跳跃过大，否则会给人杂乱的感觉。

6.5 导航的访问模型

导航访问模型的不同必然会影响用户查找内容的方式。通过导航访问内容有两种基本模式，分别是"弹跳"模式和"蟹行"模式，这两种模式各有优缺点，要根据网站和用户的特质来选择正确的导航行为。

● "弹跳"模式

网站中如果有太多顶层的类别，用户在网站中转移时，将其隐藏会更易于使用。对于包含大量内容的网站，不可能把所有顶层类别连同所有局部导航组合在一起。如果页面上的链接数量过多，使用弹跳模式导航将这些链接组合在少数几个类别中，是种不错的选择。

> **提示**
>
> 采用"弹跳"模式导航，用户选择任何子类别都必须回到父类别来选择。这种导航通常应用在内容结构庞大的站点，例如图片网站、音乐网站或小说网站。

　　这种导航机制还可以用于大型门户网站，网站中大量的子网站被收集在同一个栏目下。只要进入一个子网站，其他部分就会消失。

用户选择一个栏目，其他栏目将隐藏。只有再次操作才能选择其他栏目

显示导航中一个栏目的内容，没有其他栏目的关联导航

● "蟹行"模式

　　所谓"蟹行"模式是指网站导航采用一种横向方式在类别间转移，就像螃蟹爬行一样。用户选择一个类别后，可以在页面中选择其他同类别的链接。

选择一种游戏类别后，在页面中会显示该类型的其他栏目

以蟹行的方式将游戏内容罗列出来，方便用户查找

　　很好地利用全局和局部导航，可以支持用户所有信息搜寻功能，并且拥有设计合理导航的页面，用户可能永远也不会单击页面中的结构导航。如果用户完全依赖关联导航，那设计师就要考虑导航设计是否合理。

➡ 实例 09+ 视频：设计旅游网站导航

　　本实例将制作一个旅游网站的页面。页面采用左右两栏的排列方式。由于本身网站功能不多，有足够的页面放置网站信息，所以将全局导航放置在页面的左侧，非常醒目，同时又方便用户浏览。

● 配色方案

　　为了突出旅游网站轻松、愉快的感觉，页面在配色上采用了较为温暖的色系。整个页面以蓝色的地图作为主色，导航则使用较为醒目的红色作为辅色。文本颜色采用了黑色和白色，以清晰醒目为主。

主色: #1680ba	辅色: #9d2710	文本颜色：#000000

由于网站的重点是旅游项目的推广,其他栏目只是起到辅助的作用。所以将全局导航放置在页面的右上角位置,即方便用户使用,又不占用页面的位置

局部导航放置在页面的左侧,效果醒目,且易于操作

源文件:源文件 \ 第 6 章 \6-5. psd　　操作视频:视频 \ 第 6 章 \6-5. swf

● **制作步骤**

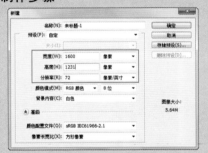

01 ▶ 打开 Photoshop 软件,执行"文件 > 新建"命令,新建一个空白文档。

02 ▶ 打开"素材 \ 第 6 章 \6520.jpg"图像,并将其合并到新建文档中。

03 ▶ 新建图层组,设置填充色为 #cb3b20,使用"矩形工具"绘制形状。使用"钢笔工具"绘制图形。

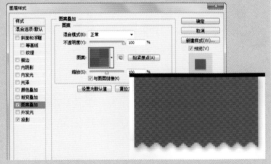

04 ▶ 执行"图层 > 合并图层 > 向下合并"命令,将两个图层合并,为其添加"图案叠加"和"投影"图层样式。

 可以首先新建文档绘制图案,并执行"编辑 > 定义图案"命令,将图像定义为图案。接下来在"图层样式"对话框中的"图案叠加"选项下找到刚刚定义的图案使用,即可实现"图案叠加"效果。

05 ▶ 使用"横排文字工具"输入文字内容。注意修改访问栏中栏目的效果。

06 ▶ 使用"直线工具"绘制出栏目间的分割线。

07 ▶ 使用"矩形工具"绘制矩形，并为其添加"描边"和"投影"图层样式。修改"填充不透明度"为 40%。

08 ▶ 使用相同的方法绘制另一个矩形，并使用"横排文字工具"输入文本内容，完成搜索条的制作。

09 ▶ 在网站规划时，上部的图片部分是一个 Flash 动画。此处只需要使用文本工具将广告内容制作出来即可。具体的效果可以在动画制作时再完善。

10 ▶ 使用"矩形工具"，设置"填充色"为线性渐变，"描边颜色"为白色，绘制一个矩形。

11 ▶ 使用"直线工具"，设置"描边颜色"为白色，"描边类型"为虚线，绘制直线，并添加"投影"图层样式。

12 ▶ 使用"线条工具"绘制图标，并添加"投影"图层样式。

13 ▶ 使用"横排文字工具"输入文字内容，并添加"投影"图层样式。

14 ▶ 将制作完成的按钮复制多个，并修改文字内容，制作完成局部导航内容。

15 ▶ 使用"矩形工具"和"直线工具"绘制关联导航内容，并添加"投影"图层样式。

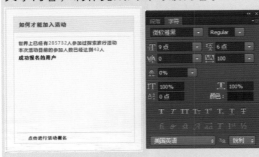

16 ▶ 使用"横排文字工具"输入说明文字内容。

17 ▶ 使用"矩形工具"绘制矩形。导入一张图片，创建"剪贴蒙版"。

18 ▶ 使用相同的方式，制作其他图片效果，并使用"横排文字工具"输入文字内容。

19 ▶ 使用"线条工具"绘制下划线，导入外部素材。

20 ▶ 新建图层组。使用"矩形工具"绘制矩形，并修改"填充不透明度"为60%，并为其添加"描边"和"投影"图层样式。

21 ▶ 使用"矩形工具"和"线条工具"绘制导航条。导入外部的素材图，并输入文字，完成视频播放界面设计。

22 ▶ 新建图层组。使用"矩形工具"绘制矩形，修改"填充不透明度"为 60%，并添加"外发光"和"投影"图层样式。

23 ▶ 绘制矩形，导入图片并创建剪切蒙版，完成图片关联导航的制作。使用相同的方法制作其他几个图片导航。

24 ▶ 新建图层组。分别导入外部的素材图排列整齐，完成整个旅游网站的设计制作。

提问：如何精准地对齐网站中各部分的位置？

答：在设计和制作网站时，通常会先在纸上绘制草图，确定网站的大致轮廓，然后在 Photoshop 中进行页面的设计。设计时可以借助网格和标尺准确定位。创建合理的辅助线除了可以对网站设计有帮助外，也对后来网站切图输出有很多的帮助。

6.6　想方设法留住用户

用户浏览网站时或许可以很快找到自己需要的信息，然后就离开网站，也可能再也不会访问网站。如果在网站中找了很久没有找到想要的内容，用户就会很快离去，而且再也不会访问你的网站。在设计网站时要尽量考虑到这两种情况，以避免由于规划不合理影响网站用户的体验。

6.6.1　考虑"下一步"

当用户阅读到页面底部时，通常会有几个链接将用户带向与所浏览页面内容相关的页面。这些链接被称为关联导航。

用户如果对产品不满意，可以通过左侧的关联导航进入相似内容页面，而不是选择离开

页面中显示的内容供用户选择，如果不是用户要找的，可以通过关联导航访问其他页面

> **提示**　关联导航很容易被设计师忽略，因为它们相当于跨越信息架构体系结构的快捷途径，不过关联导航是确保网站可用性的最强大驱动力，合理使用关联导航可以提高用户体验的满足感。

用户观看视频后，下面会做什么操作呢？这就是"下一步"的概念。对于大多数用户来说，会选择重新播放视频、收藏视频或观看其他视频。将这些可能添加到界面中，可以很好地引导用户观看站点中的其他视频。当用户编写邮件后，为其提供保存草稿、抄送和发送等功能，可以为用户提供更好的用户体验。

视频播放完毕后，用户可以有更多的选择功能

提供用户观看视频的同类列表，供用户选择

为用户提供翻页功能，以便用户查看

6.6.2　安全网

如果用户不喜欢他在页面上看到的东西，可能会感到失望而选择离开网站。为了避免这种情况，需要通过创建安全网留住这些已有去意的用户。如果在当当网上搜索的第一件商品不让人满意，怎样才能阻止用户转向淘宝、京东或者其他购物网站呢？安全网就是假设某个方面可能有问题，然后建立一种机制帮助用户摆脱这个问题。

增加关联链接内容

这个页面是 1 号店单个商品展示页，左侧页面中只有单个商品的介绍。如果用户不喜欢该商品，希望访问其他同类商品，只能通过全局导航返回后，才能继续查找。这种情况可能会导致用户直接离开网站，访问其他同类站点。

修改后的页面在右侧空白位置加入了同类商品的链接，用户可以通过直接点击链接访问其他同类商品，也可以返回商品列表查询更多商品，这样设计的页面就可以很好地避免用户的不知所措感。

提示　除了可以为用户提供同类商品以外，还可以为用户提供更多的安全网，以便留住这些已有去意的用户。例如在新闻页面中，可以提供视频、照片甚至音频的链接，还可以在页面最下方提供过去的报道和相关搜索的链接。

➡ 实例 10+ 视频：设计家具网站链接

本实例制作的是一个家具网站页面。页面采用整齐的排版方式，将页面内容整齐地分类，使浏览者在进入网站后一眼就能够看明白网站的所有信息。整个页面的色彩搭配十分稳重，能够带给人安全感，很容易使浏览者有深入了解的冲动。

● 配色方案

采用红色作为页面主色，制作出强烈的视觉冲击力，因此能够很快吸引浏览者的注意力，但红色同样也是最容易刺激神经的颜色，因此设计师又加入具有调和性能的灰色作为辅色，以减弱红色对人的神经刺激；白色的文字零散分布在页面中，活跃页面气氛。

主色：#a91816	辅色：#a0a0a0	文本颜色：#ffffff

所有图形元素都是
大小有别、颜色各
异的长方形，整个
页面排版效果规整
而不死板

红色是最具有视觉
冲击力的颜色，运
用在主产品图中，
可以很好地吸引浏
览者的注意力

🏠 源文件：源文件 \ 第 6 章 \6-6-2.psd　　📶 操作视频：视频 \ 第 6 章 \6-6-2.swf

● **制作步骤**

`01` ▶ 执行"文件 > 新建"命令，在弹出的
"新建"对话框中设置参数。

`02` ▶ 执行"视图 > 标尺"命令，在画布中
拖出参考线，确定页面整体布局。

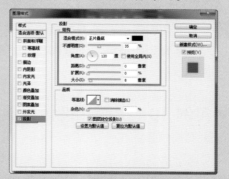

`03` ▶ 填充画布颜色为 #ececec，使用"矩
形工具"在画布中创建一个白色的形状。

`04` ▶ 双击该图层缩览图，在弹出的"图层样
式"对话框中选择"投影"选项，设置参数值。

参考线是用于对页面中各元素的对齐方式和页面整体布局做参考的，但
有时它可能会对设计师浏览图像效果有所阻碍，这时可以按快捷键 Ctrl+H
将其隐藏，而在此按下快捷键 Ctrl+H 即可再次显示参考线。

05 ▶设置完成后单击"确定"按钮，得到形状的投影效果。

06 ▶继续使用"矩形工具"在画布中合适的位置创建一个任意颜色的形状。

在绘制背景时，为矩形添加了"投影"图层样式，此处需要注意的是矩形的大小、位置和关系，绘制时矩形的左、右和底边要与参考线对齐，而上边一定要让其超出画布之外，不要显示顶边的投影效果。

07 ▶执行"文件 > 打开"命令，打开"素材 \ 第 6 章 \66201.jpg"图像，并将其拖移至设计文档中，适当调整其位置。

08 ▶使用鼠标右键单击该图层缩览图，在弹出的快捷菜单中选择"创建剪贴蒙版"命令，得到图像效果。

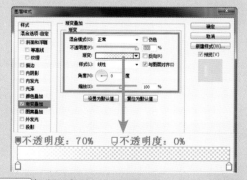

09 ▶复制"矩形 1"至最上方，打开"图层样式"对话框，选择"渐变叠加"选项，设置参数。

10 ▶设置完成后单击"确定"按钮，修改图层"填充"为 0%，得到图像效果。

"不透明度"用于控制图层中像素和形状的不透明度，如果为图层添加了图层样式，调整图层"不透明度"也会影响图层样式。而调整"填充"则不会影响图层样式，只会对图层中的像素图像和形状起作用。

11 ▶ 打开"字符"面板，设置参数值，并使用"横排文字工具"在画布中输入文字。

12 ▶ 使用相同的方法设置字符样式，在画布中输入其他文字。

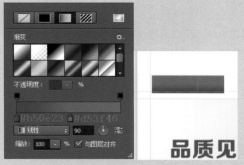

13 ▶ 选择"矩形工具"，在选项栏中打开"填充"面板，设置参数，并在画布中创建形状。

14 ▶ 打开"图层样式"对话框，选择"内阴影"选项，设置参数值。

15 ▶ 选择"矩形工具"，在选项栏中打开"填充"面板，设置参数，并在画布中创建形状。

16 ▶ 使用相同的方法设置字符样式，并在画布中输入相应的文字。

17 ▶ 为其添加"外发光"图层样式。

18 ▶ 设置完成后单击"确定"按钮，将相关图层编组，重命名为"LOGO"。

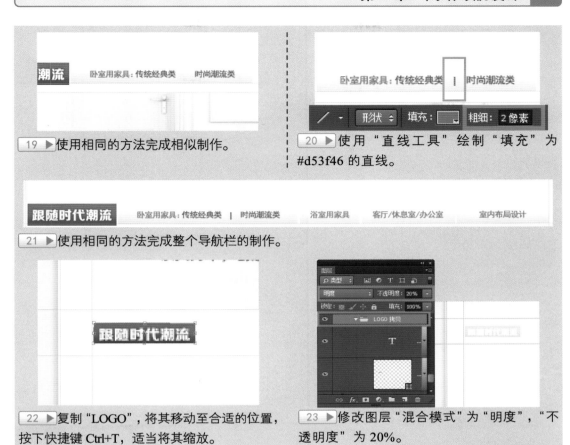

19 ▶ 使用相同的方法完成相似制作。

20 ▶ 使用"直线工具"绘制"填充"为 #d53f46 的直线。

21 ▶ 使用相同的方法完成整个导航栏的制作。

22 ▶ 复制"LOGO"，将其移动至合适的位置，按下快捷键 Ctrl+T，适当将其缩放。

23 ▶ 修改图层"混合模式"为"明度"，"不透明度"为 20%。

24 ▶ 使用相同的方法完成相似制作，得到网页最终效果。整理图层，得到"图层"面板最终效果。

提问：为什么创建剪贴蒙版？

答：创建剪贴蒙版是为了在保护原图像的完整性前提下，使上方图像的显示区域大小完全符合下方图层，若对下方图层运用了图层样式，也可以将图层样式运用于上方图层。

6.6.3 关联导航的元数据

在一个大型网站中，通常包含了很多不同类别的信息，要为每一个信息手动添加关联导航几乎是不可能完成的事情，所以要通过程序使这些关联自动创建。

在设计关联导航之前，首先要和程序员或产品经理确认每个信息都有哪些类型，例如发布时间、特殊主题、是否分组或特殊的组等。利用这些数据让网站可以自动生成关联导航。这样一来，用户可以获得更好的用户体验，而网站本身也会由于数据的充分利用而显得丰富多彩。

上面提到的信息类型，指的就是信息的元数据。通常元数据有以下几种常见内容。

时间：指的是在同一时间段出现、发表或保存的内容。例如新闻中的上一篇和前一篇文章。微博中的前一篇和后一篇日志。

类型：网站中包含有文章、图片和视频。根据用户查看的内容，为其指定同类型的关联导航。例如在图片网站中，浏览一张图片的同时，还可以通过链接快速浏览其他图片。

作者：用户可以快速查看同一个作者发布的信息内容。

主题：用户可以查看相同类别中的其他内容。例如可以通过关联导航在足球新闻之间快速转移。

兴趣：网站提供最多访问、最多评论和最新发布的内容，并可以通过电子邮件的形式向用户发布这些内容的链接，以吸引用户访问网站。

社区：查找同类人查看的页面内容。例如为喜欢音乐的用户提供一个品位相同的音乐作品页面或某个音乐人的界面。

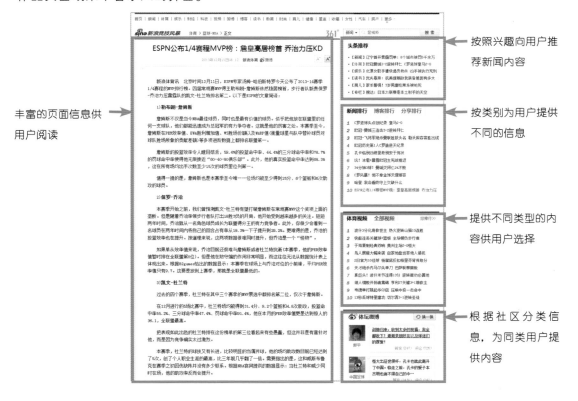

丰富的页面信息供用户阅读

按照兴趣向用户推荐新闻内容

按类别为用户提供不同的信息

提供不同类型的内容供用户选择

根据社区分类信息，为同类用户提供内容

➡ 实例 11+ 视频：设计博客关联导航

本实例将制作博客关联导航。通常关联导航会在整个页面的侧面显示，由不同类别的信息组成。本实例中采用了左右分布的版式，将关联导航放在了整个页面的左侧，这样不但为用户获得了良好的体验，还丰富了整个页面。

🔵 **配色方案**

由于本实例采用的是文章的形式，用户在浏览的时候使用最多的就是眼睛，为了避免时间太久而使眼睛疲劳，实例中大面积地采用了绿色作为背景，给人以清新的感觉。阅读区域内采用了常规的白底黑字，在需要强调的地方采用了土黄色。

主色：#80a08c	辅色：#fbfbfa	文本颜色：#9a6e17

根据用户兴趣向用户推荐的资讯内容

根据社区为用户推介的信息

丰富的页面阅读内容

根据时间为用户提供的信息

🏠 源文件：源文件 \ 第 6 章 \6-6-3.psd　　　　📶 操作视频：视频 \ 第 6 章 \6-6-3.swf

🔵 **制作步骤**

01 ▶ 打开 Photoshop 软件，执行"文件 > 新建"命令，新建一个空白文档。

02 ▶ 设置"前景色"为 #80a08c，按快捷键 Alt+Enter 填充背景。

03 ▶ 打开"素材\第6章\66301.jpg"图像，并将其合并到新建文档中。

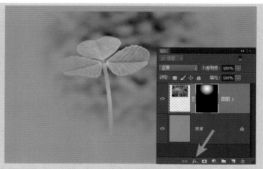

04 ▶ 为该图层添加图层蒙版，单击"渐变工具"按钮，在图层蒙版上绘制渐变。

05 ▶ 使用"矩形工具"在文档顶部绘制由 #eaeaea 到 #f7f7f7 的矩形。

06 ▶ 继续绘制填充为白色的矩形，为其添加"描边"样式。

07 ▶ 使用相同的方法将整个页面的大体版式制作出来。

08 ▶ 打开"素材\第6章\66302.png"图像，并将其合并到新建文档的顶部导航中。

09 ▶ 使用相同的方法将 66301.jpg 合并到文档中，按快捷键Ctrl+Alt+G创建剪贴蒙版。

10 ▶ 单击"铅笔工具"按钮，选择 1 像素方头铅笔，设置"间距"为400%并进行绘制。

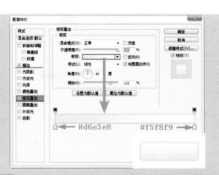

#d6e3e8　　　#f5f8f9

11 ▶使用"圆角矩形工具"绘制一个半径
为 1 像素，任意填充颜色的矩形。

12 ▶为该形状添加"描边"和"渐变叠加"
样式。

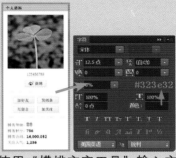

#323e32

13 ▶使用相同的方法制作其他相似内容。

14 ▶使用"横排文字工具"输入文字，并
为数字 20 添加"描边"和"渐变叠加"样式。

15 ▶使用相同的方法制作页面中的其他元素，并输入相应的文字内容，完成整个页面的
制作。

提问：在制作过程中如何提高制作速度？

　　答：本实例中主要分为 5 个小块，且块与块之间的做法相似，可以先
将其中的一块制作出来，之后将其复制出来，使用"直接选择工具"配合
自由变换进行调整即可。

6.7 巧用可用性导航

可用性导航将工具和网站特性相连接，帮助用户使用网站的功能。常见的可用性导航有登录、联系我们、搜索、用户账户、购物车和帮助等。

通常设计师习惯将可用性导航放在页面的右上方，将较为重要的导航系统放在页面的左上方位置，这样可以有效地利用页面。由于大多数人使用右手控制鼠标，所以页面右上方虽然不是很醒目，但是依然可以轻松访问。

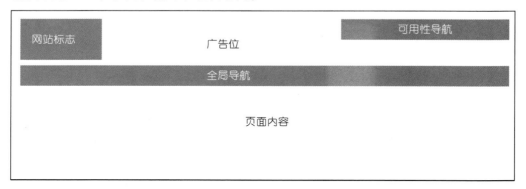

由于可用性导航像全局导航一样，需要在网站的所有地方都可以被访问，通常被放置在全局导航附近。但是为了避免用户混淆全局导航和可用性导航，要利用视觉线索和页面上的物理位置区分两者。

将功能性导航放在页面的最上部，既可以保证每一页中都可以访问到，又可为用户提供各种功能性的服务

将全局导航与可用性导航分开摆放，并使用较深的颜色区分，整个页面整齐而醒目

提供"搜索功能"供用户使用

关联导航可以为用户提供相关的链接内容，并为用户的后续操作提供支持。可用性导航提供了一个场所，可以放置另外 3 种导航没有处理的其他重要链接。综合运用几种导航，就可以设计制作出一个可用性很高的网站。不过也需要随时根据用户的反馈对导航进行修改，使其导航效果更为出色。

> **提示**　可用性导航还可以包括很多用户常用到的功能，例如收藏网站、浏览历史、我的订单、书签等。用户可以通过全局导航和局部导航缩小要寻找内容的范围。

实例 12+ 视频：制作设计网站

本实例主要制作了一款简洁而清晰的设计公司网站。为了最大限度地展示精美的成功案例，强化品牌形象，导航使用了最普通的文字形式，其他的装饰性元素也尽可能简洁，力求营造一种轻松、简单、舒适、精致的体验氛围。

● 配色方案

该页面使用了一种明度较高的、基于绿色和青色之间的色彩作为大面积的背景色，营造出轻松惬意的效果，使用对比明显的高明度红色作为重点色，文字则是黑色与灰色的组合，整体效果简洁清爽，令人愉悦。

主色：#a3d6ca	辅色：#eb6657	文本颜色：#000000

该网站的目的是推广设计，所以应该把成功实例放在导航中，让用户可以随时找到

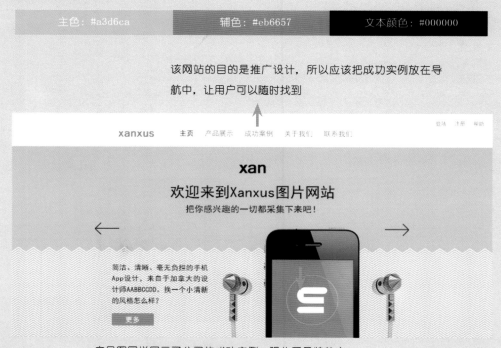

产品图同样展示了公司的成功实例，强化了品牌效应

🏠 源文件：源文件 \ 第 6 章 \6-7. psd　　📶 操作视频：视频 \ 第 6 章 \6-7. swf

● 制作步骤

01 ▶ 执行"文件 > 新建"命令，新建一个空白文档。

02 ▶ 使用"直线工具"绘制一个"填充"颜色为 #a5e8d6 的矩形。

03 ▶ 使用相同的方法制作出页面的框架。

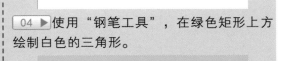

04 ▶ 使用"钢笔工具",在绿色矩形上方绘制白色的三角形。

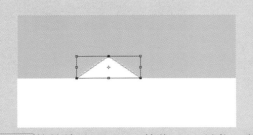

05 ▶ 按快捷键 Ctrl+T,按住 Shift 键将三角形向右平移。

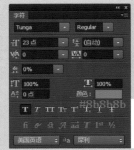

06 ▶ 按 Enter 键确定变形,多次按快捷键 Ctrl+Shift+Alt+T,制作出花边。

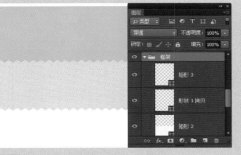

07 ▶ 使用相同的方法完成相似内容的制作。

08 ▶ 打开"字符"面板,适当设置字符属性,然后输入 Logo 文字。

#000000   #8b8b8b

xanxus   主页   产品展示   成功案例   关于我们   联系我们   #8b8b8b

09 ▶ 使用相同的方法输入导航文字。

10 ▶ 打开"素材\第6章\6701.png"图像,并将图像拖入文档中。

11 ▶ 为图像添加图层蒙版,处理手机下方不需要显示的部分。

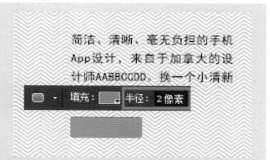

12 ▶ 使用相同的方法拖入并处理其他素材图像，并输入相关的文字。

13 ▶ 使用"圆角矩形工具"绘制一个"填充"为 #eb6657 的按钮。

14 ▶ 在按钮上输入文字，并使用"直线工具"绘制出箭头。

15 ▶ 使用相同的方法制作出下方的文字。

#ebebeb #eb655a

16 ▶ 使用相同的方法制作出界面下方的部分，并使用各种形状工具绘制线条。

17 ▶ 使用"椭圆工具"绘制不同颜色的正圆，作为图标的底座。

18 ▶ 打开素材图像"第 6 章 \ 素材 \6704.jpg"，使用"矩形选框工具"框选图标。

19 ▶ 将选区中的图像拖入设计文档中，设置其"混合模式"为"深色"，适当调整大小。

20 ▶使用相同的方法处理其他的图标，并将相关的图层编组，重命名为"图标"。

21 ▶使用"横排文字工具"输入版底信息，得到该页面的最终效果。

提问：如何制作背景中的纹理？

　　答：制作纹理时先显示之前制作好的花边路径，在"路径"面板中双击缩览图将路径存储，然后新建图层，单击"路径"面板下方的◎按钮，使用画笔对路径进行描边（描边前请先设置"画笔工具"），最后使用制作花边的方法重置变形即可。

6.8 导航设计的技巧

　　导航设计绝对不是将各种导航栏目填入链接就可以的。在设计导航前，需要研究网站内容，然后在全局导航、局部导航、关联导航和可用性导航中选择，以组成导航系统。那怎么才能确认导航上的链接是用户真正需要的链接呢？接下来继续研究。

6.8.1　如何组织内容

在组织网站内容时，要根据信息类型的不同，选择不同的组织方式。如果是人名就应该按照字母顺序排列，如果是事件可以按照日期组织，也可以针对某一个用户组织其所有相关的内容。这种组织方法可以很好地保证未来网站中导航的归类，可以确保用户找到他们想要的东西，而不需要到处搜索。

局部导航按照
文章的类别来
排列

全局导航按照
用户需求进行
排列

6.8.2　满足用户的希望

导航的主要功能是帮助用户完成他们想要做的操作，到达他们想要去的地方，所以在规划导航的时候，要充分考虑用户所希望的内容。如果用户通过导航没有找到希望找的东西，那就会很快离开网站，并且再也不会访问。例如用户总是希望把一部连续剧看完，搜索同一个人的音乐作品等。知道用户想要什么，并将其合理地分配到导航链接中，自然会得到好的用户体验。

按照用户的不
同要求将视频
分类

将用户希望
观看的所有
视频的种类
进行归类

关联导航可以有效提高用
户体验满意度

6.8.3 希望用户做什么

任何一个网站都要有存在的理由。对于较为商业的网站,更多是希望网站可以尽快盈利。但是从长远来说,没有一个用户会再次访问到处都是广告的页面。而且规划自己的网站时不能一味地模仿竞争对手。要从自己网站的特点出发,设想用户希望从网站中得到什么内容。让用户所想和企业所需之间达到一个平衡。

对于一个购物网站来说,网站希望用户通过浏览或搜索在线购买商品。而用户访问此类网站的目的也是这样。网站为用户提供积分会员制,帮助自己扩大用户群,积累消费群体。同时网站也为用户提供各种优惠券和促销活动,这恰恰是用户需要的。将这些内容综合应用到导航中,既满足了用户的需求,引导用户访问更多链接,同时又丰富了整个站点。

提示 在网站的栏目设定上,购物网站通过添加团购、特卖、二手货和秒杀等方式使用户沿着网站设定的方向活动,可以更好地应用导航功能。

按照网站需要用户做什么而规划出来的导航

功能性导航为用户提供需要的链接内容

网站提供的实用导航,引导用户进入

6.9 导航多个页面

要对多个页面导航,可以使用分页导航工具。分页导航允许用户浏览多个页面,将大量的元素分为规模较小的几部分,既可以提高网页的访问速度,又可以防止信息多度下载。对于含有大量商品类别或篇幅较长的文档来说,是非常不错的选择。

分页导航可以很好地管理大量信息

分类管理信息,有利于用户访问

过多的分页会给用户浏览造成压力

分页导航中每增加一个页面，访问者就会较少 50%，也就是说，每次为用户提供一个指向文章下一页的链接，只会有一半人会点击。解决的办法除了可以增加页面长度外，还可以将内容放在一个超级大的页面上。

　　使用分页导航时，太多的分页既会浪费用户大量的时间，又会由于内容太多、下载时间较长造成页面无法正常访问，这就会严重影响用户体验。遇到内容较多或较长这种情况，可以考虑适当增加页面的长度，毕竟一个长页面会比多个短页面要好。

　　百度图片通过一种向下无限延伸的页面导航方式取代了过去通过分页显示图片的导航方式，这种新的方式可以很好地避免用户由于点击分页而产生的厌烦感，有效地留住了更多用户。

通过鼠标滚动浏览信息，可以有效避免分页过多造成的厌烦感

通过快捷的局部导航可以随时访问感兴趣的内容

　　在使用分页导航引导用户浏览时，如果希望浏览完成后再进行其他操作，可以取消全局导航和局部导航。如果允许用户随时离开，那就选择将全局导航和局部导航同时保留。

➡ 实例 13+ 视频：设计博客导航页面

　　本实例为博客页面导航设计。制作导航的目的就是为了使用户可以得到更好的体验效果，同时为网站获得更好的利益，因此在设计时一定要明确网站创建的目的，在丰富画面内容的同时，为用户提供多处链接，并用优质内容吸引用户的眼球。

● 配色方案

　　该实例中大面积地使用了白色作为底色，给人以干净、整洁的感觉，在整体导航上采用了橘色系色块作为背景,让用户对该网站的整体导航一目了然,而文字内容则主要采用了黑色，通过调整其不透明度等区分出其主次，整个页面都非常整洁，排列顺序也是恰到好处。

主色：#ffffff	辅色：#ff9933	文本颜色：=000000

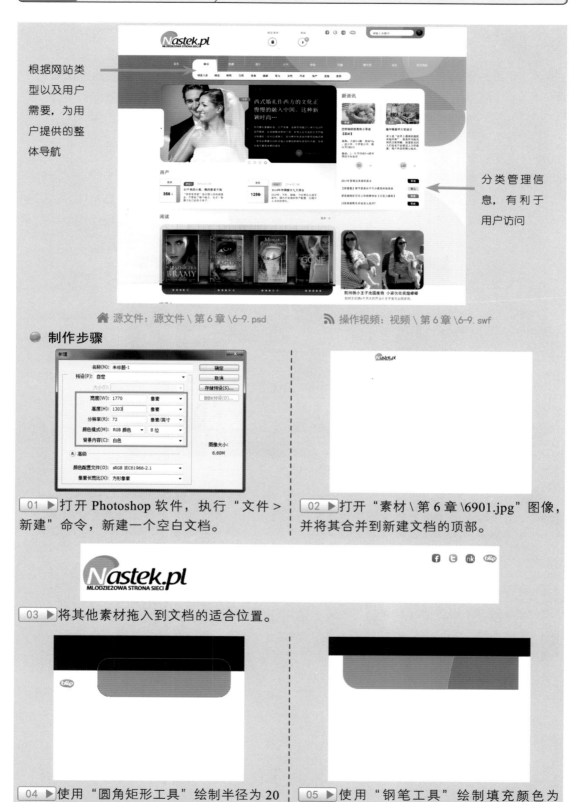

根据网站类型以及用户需要，为用户提供的整体导航

分类管理信息，有利于用户访问

源文件：源文件 \ 第 6 章 \6-9.psd　　操作视频：视频 \ 第 6 章 \6-9.swf

● 制作步骤

01 ▶ 打开 Photoshop 软件，执行"文件 > 新建"命令，新建一个空白文档。

02 ▶ 打开"素材 \ 第 6 章 \6901.jpg"图像，并将其合并到新建文档的顶部。

03 ▶ 将其他素材拖入到文档的适合位置。

04 ▶ 使用"圆角矩形工具"绘制半径为 20 像素，填充颜色为 #e7761a 的圆角矩形。

05 ▶ 使用"钢笔工具"绘制填充颜色为 #c8681b 的形状。

06 ▶ 按住 Ctrl 键单击圆角矩形缩览图，载入选区，为刚绘制的形状添加图层蒙版。

07 ▶ 继续创建填充为白色，半径为 11 像素的圆角矩形。

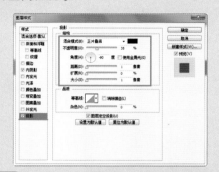

08 ▶ 单击"图层样式"下的 fx. 按钮，打开"图层样式"对话框，选择"内阴影"选项，设置各项参数。

09 ▶ 继续选择"投影"选项，并设置各项参数值。

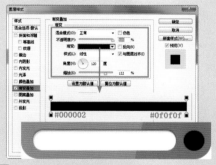

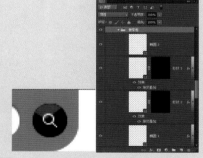

10 ▶ 使用"椭圆工具"绘制一个任意颜色的正圆，并添加"渐变叠加"图层样式。

11 ▶ 使用相同的方法制作相似内容，并将相关内容选中，按快捷键 Ctrl+G 进行编组。

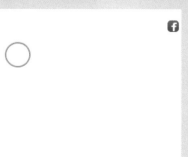

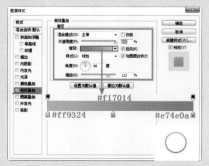

12 ▶ 使用"椭圆工具"绘制一个填充为无，描边为任意颜色的正圆。

13 ▶ 为刚绘制的正圆添加"渐变叠加"图层样式。

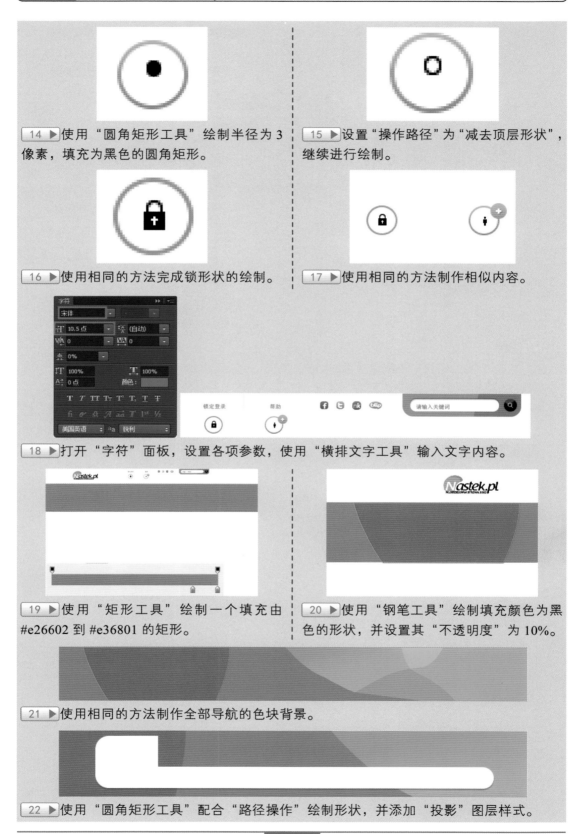

14 ▶ 使用"圆角矩形工具"绘制半径为3像素，填充为黑色的圆角矩形。

15 ▶ 设置"操作路径"为"减去顶层形状"，继续进行绘制。

16 ▶ 使用相同的方法完成锁形状的绘制。

17 ▶ 使用相同的方法制作相似内容。

18 ▶ 打开"字符"面板，设置各项参数，使用"横排文字工具"输入文字内容。

19 ▶ 使用"矩形工具"绘制一个填充由 #e26602 到 #e36801 的矩形。

20 ▶ 使用"钢笔工具"绘制填充颜色为黑色的形状，并设置其"不透明度"为 10%。

21 ▶ 使用相同的方法制作全部导航的色块背景。

22 ▶ 使用"圆角矩形工具"配合"路径操作"绘制形状，并添加"投影"图层样式。

23 ▶ 使用"矩形工具"绘制一个填充为 #c2c4c1 的矩形。

24 ▶ 为该形状添加图层蒙版,并使用"渐变工具"在图层蒙版上进行拖曳。

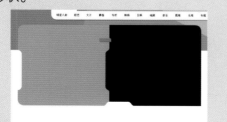

25 ▶ 新建图层,调整"柔边画笔工具"大小在画布中进行涂抹。

26 ▶ 使用"直线工具"绘制粗细为 1 像素的线条,按快捷键 Shift+Alt 复制出多个线条。

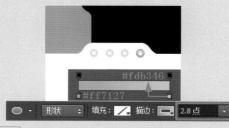

27 ▶ 打开"字符"面板,适当调整各项参数,使用"横排文字工具"输入相应文字。

28 ▶ 使用"矩形工具"和"钢笔工具"绘制形状。

29 ▶ 使用"圆角矩形工具"绘制半径为 22 像素、任意颜色的圆角矩形。

30 ▶ 使用相同的方法绘制其余的形状,并使用"直接选择工具"进行调整。

31 ▶ 使用"椭圆工具"再绘制描边为 2.8 点的正圆,按快捷键 Shift+Alt 进行复制。

32 ▶打开"素材\第6章\6906.jpg"图像，将其拖入到文档的合适位置，调整图层顺序。

33 ▶按快捷键 Ctrl+Alt+G 为该图层创建剪贴蒙版。

34 ▶使用相同的方法绘制上部左侧中的其余图形。

35 ▶打开"字符"面板，适当设置参数值，使用"横排文字工具"输入相应文字。

36 ▶在左侧所有图层的下方新建图层，使用"柔边画笔工具"进行绘制。

37 ▶在该图层上方使用"圆角矩形工具"进行绘制，并调整其形状。

38 ▶使用制作上部左侧的方法制作右侧部分的内容。

39 ▶打开"字符"面板，适当设置参数值，使用"横排文字工具"输入相应文字。

40 ▶ 使用相同的方法制作主体部分的剩余内容。

41 ▶ 使用相同的方法制作页面底部的内容，完成整个页面的制作。

提问：在制作过程中需要注意什么？

答：在设计和制作网站时，一定要有耐心，由于该网站在制作时色块较多，在绘制好后，一定要注意它们之间的排列顺序，只有排列得当，才能得到预想的效果。

6.10 本章小结

本章针对网页中导航的设计进行了学习，详细介绍了导航的各种分类，并针对不同分类的设计要求进行了学习。通过学习，读者要掌握全局导航、局部导航、关联导航和可用性导航的不同以及设计要点，并可以将这些内容综合运用到网页设计中，以实现丰富的导航功能。

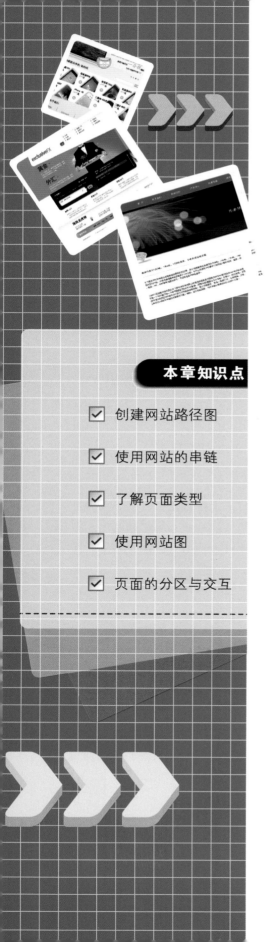

第 7 章 合理规划网站页面结构

网站中的元素很多，如何合理安排这些元素，使用户获得较好的用户体验是十分重要的。本章将针对规划页面结构的方法和技巧进行学习，通过学习读者可以快速掌握设计网站结构的要诀。

7.1 创建网站路径图

网站路径图指的是一个草图系统。用户可以通过网站路径图确定网站的用户，以及这些用户将完成哪些类型的操作，然后再由设计师决定设计什么，并确定哪些设计对网站的成功最为重要。

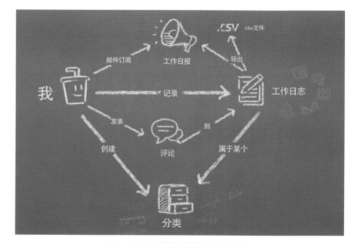

TeamCola 网站的路径结构图

> **提示**
>
> 网站路径图对确定网站流程、早期交互设计以及工作流最为合适。通过绘制出不同用户的网站路径可以查看是否有遗漏，以便更好地解决复杂的问题。

通过使用网站路径图，还可以展示为某类用户设计的相似过程。为不同用户编写不同的场景时，可以想象为各个角色设计不同的界面，而且通过网站路径图可以将网站中相同或相似的功能合并，以相同的页面展示。这就意味着设计师通过较少的页面，仍然可以保证用户获得同等愉悦的体验。

产品的雏形或者说全貌，通常会先出现在产品经理的脑海中，然后通过与团队的成员沟通，告诉他们自己想做的是什么东西。

7.1.1　完成网站的原型设计

网页设计，要以人为本。在设计前，建议首先进行一些调研、走访工作，制作出一份角色分析表，用来讨论和分析网站的典型用户是什么类型的用户，会出于什么动机，在什么场景下访问站点，大致定位网站本身的典型使用人群。

典型用户决定后，根据用户的浏览目的绘制出网站的信息结构图，充分考虑网站的核心功能和信息流向，整理出页面路径图。页面路径图会大致规划网站有哪些页面，相互间的链接关系如何，并且将典型角色的典型任务列出，观察完成这些任务需要经过多少个网页，路径是否过长，是否有走不通的断头路等情况。

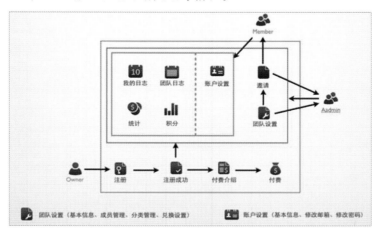

> 提　示　一个功能全面的网站通常需要一个团队倾力合作才能完成。产品经理要跟团队的其他成员充分沟通，避免发生由于沟通不畅而造成网站功能不全面或不完整。

确定了网站页面路径图后，就可以开始网站原型设计了，在设计每个具体页面信息架构的时候，可以根据页面内容的多少和重要性进行某些页面的合并或拆分。至于形式，可以是手绘，也可以用 Axure 之类的软件来完成。一般来说手稿在绘制的时候效率更高，成本更低。html 的版本则更方便在计算机上展示和远程传输，在展现一些动态的交互细节与不同页面间的跳转关系上更为方便。

> 提　示　Axure 是一个专业的快速原型设计工具，让负责定义需求、规格、设计功能和界面的专家能够快速创建应用软件或 Web 网站的线框图、流程图、原型和规格说明文档。

完成网站的原型设计后，设计师就可以针对策划内容开始网站的视觉设计、交互设计、前端开发和后台开发，将网站页面路径图上的内容转换为真实的网站项目。

7.1.2　利用设计讲故事

好的网站除了页面精美、功能齐全以外，还要具有实用的交互功能。交互设计是一门艺术，它可以让系统以写作的方式讲故事。接下来以购物网站用户购买商品的流程为例了解一下如何利用设计讲故事。

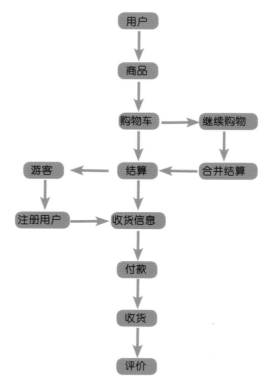

确定了故事中的角色后，在购物网站中用户访问网站并找到自己感兴趣的商品，将商品放置到购物车中。如果想要看看其他商品，可以选择继续购物，然后合并结算。如果不想购物了，可以直接选择结算。

　　　　使用流程图可以清楚地表现用户购物的过程，相信很多有购物经验的用户已经很熟悉这个过程了。而且根据网站的复杂程度不同，流程图中会增加更多的选择。

7.1.3　如何创建角色

创建故事中的角色是一个有计划的过程，好的角色可以创造更好的交互设计。创造角色首先从用户研究开始，研究网站访问的主要用户群体的需求，了解他们的目标是什么，浏览习惯是什么，对于创建好的角色有很大帮助。而且还要选择与访问竞争对手网站的用户聊一聊，拿到创建角色所需要的原始材料。

通过研究可以得到丰富的用户信息，同时通过与用户的交谈可以了解他们在访问网站时遇到的问题和希望解决的问题，网站中哪些功能是他们满意的，哪些是需要改进的。例如购物车内的商品是否可以选择性地购买，而不必一次结算购物车中的所有商品。

创建角色前要了解很多数据信息，大致如下。

- 用户群体的年龄、性别分布和其他人口的统计数据。
- 用户群体的技术经验。
- 帮助用户完成网站中的一个过程。
- 用户采用何种模式访问网站。

- 用户的家庭类型和结构。
- 用户群体感兴趣的竞争网站。
- 用户群体感兴趣的非竞争网站。
- 常见问题。
- 愿望列表。
- 用户的文化背景、价值观和道德观。
- 其他。

整理收集数据信息的最终目的是要找到用户感兴趣的内容。这些信息要尽可能准确且与网站的内容相关，而且还要找到对整个网站都成立的信息，而不要只针对某一个页面上的某一项内容。

有了确定角色的信息后，就可以开始角色设计的工作，团队的参与对完成一个合理的角色非常有帮助。选择一个合适的会议房间，并指派专人做好记录，然后就可以开始角色设计了。首先提出一个清晰的用户形象，然后开始对用户的特征展开各种讨论。是男人还是女人？年龄段？住在哪里？如果大家对内容不确定，可以参考最初的策划文档，直到找到所有想要的答案。

团队中的每一人都可以提出精准而有深度的意见，当所有人都达成共识后，也就预示着一个全面合理的用户角色已经诞生。

 提示 创建代表角色时尽量通过研究数据创造，然后提交给项目组中的其他人员。千万不要让网站的利益相关者或其他小组成员参与讨论，否则这样会严重影响创建进度。

会议结束后，最好得到一定数量的角色名单，并根据这些角色需求的不同，将它们定为主要角色、次要角色和补充角色。

主要用户角色

主要用户角色对于网站的成功非常重要，通常指的是一些初级用户或技术水平不高的用户，从设计的角度来说必不可少。

次要用户角色

次要用户角色可能是网站中的一些专业访问用户。这点与主要用户完全不同。从网站本身的角度来说，这些用户并不会带来太多的价值，但却需要很高的支持成本。

补充用户角色

通过补充用户角色可以将网站的不同侧面展示出来，使网站开发者看到一些不为常人所注意到的内容。这类用户对网站系统有着完全不同的需求，甚至可能需要个人专属的专业设计。

根据网站项目的规模，可以指定 3~5 个代表角色。如果网站较为复杂，则需要更多的角色。例如大型的购物网站由于产品众多，用户群体、内容和特征集都非常庞大。所以每组产品都需要使用自己的角色集，以满足网站这一部分特有的设计要求。

> **提示** 如果网站本身规模很小，内容不复杂，那只需要通过几个角色就可以完成网站的规划。通常一大堆模糊的角色对于网站建设所起的作用远远比不上数量少但明确的角色。

7.1.4 巧妙应用场景

完成网站用户角色的设定后，接下来可以根据不同的角色创建一些用于设计网站的场景。可以使用讲故事的方式来创建场景，既可以了解不同场景的用途，还有利于交互系统的设计。通常可以将场景作为一种设计工具、一种评价工具和一种交流工具 3 种方式来使用。

● 作为一种设计工具

场景可以作为一种设计工具，针对主要角色创建一个循序渐进的故事，用来展示角色是如何使用网站的。在理想的情况下，用户会在页面上看到什么？网站是如何组织的？用户会单击哪里？用户比较喜欢站点的哪些特性？此时的场景完全可以被想象成一个完美的世界，只考虑角色的需要而忽略其他所有约束。

接下来可以写这个场景的另一个版本，这个版本中要反映出用户在访问页面时的一些问题和技术约束。这个场景更像是一个真实的访问过程，让角色完成这个真实场景的访问。而设计师要注意哪些方面存在冲突，以便可以通过合理的方式解决问题。

两个场景一个是角色的理想世界，另一个是考虑到企业和技术的真实世界，将以上两个场景结合就可以创建网站的一个全景图，并明确设计师设计的特性。

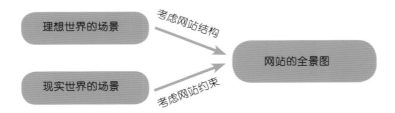

> **提示** 通过与团队和其他成员的一起努力，使创建的第二个场景尽可能与第一个场景保持一致。这样才可以及时发现网站中哪些方面存在问题，否则太多的线索会造成网站内容过于烦琐凌乱。

● 作为一种评价工具

网站设计完成后，还可以通过创建一个场景来评价是否满足用户需要。选择一个角色并扮演这个角色访问网站，尽可能模拟真实的访问过程，在测试网站页面的各项功能的前提下，还可以及时发现系统中存在的一些缺陷，以便及时发现并修改。

● 作为一种交流工具

场景可以反映出一个设计的工作流程，以及用户与系统的使用交互，并且通过创建故事的方式可以使设计团队清晰地了解网站的运作方式。同时销售人员更容易推广网站内容，整个网站可以更快、更容易地产生效益。

通常一个完整的场景，篇幅很长，而且所涉及的内容很多。作为网站的策划人员，首先不要在网页的界面决策上有太多的纠结。例如单击哪个链接跳转到哪里，下一个页面是哪个等，要以保持开放的心态接受新的设计。同时不要过多地坚持一些内容，将一些约束条件暂时摒弃，如果思维中断了，就继续以讲故事的方式让问题尽量模糊。可以等整个故事结构完成后，再回头重新完善页面中的各种问题，例如系统的约束问题。

 提示　在对整个网站进行角色分析时，要尽量经常使用角色的名字，这样可以清晰地记录角色在整个网站中经历的内容。将你认为角色在网站中可能经历的事情或可能做的操作都清晰地记录下来。

7.1.5　创建任务分析

确定了角色和场景后，可以通过创建网站路径图获得网站的特性和交换。通过画出不同用户在网站中的访问路径，确定网站流程、早期交互设计以及工作流，可以更好地解决复杂的问题，查看是否有所遗漏。

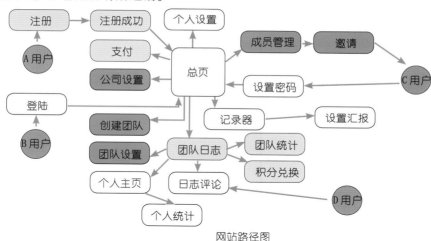

网站路径图

 提示　通过网站路径图为不同角色编写不同的场景，可以想象为各个角色设计不同的界面。同时还可以发现在哪些地方角色可以使用相同的界面，使开发者可以设计更少的特性，仍可以保证角色的用户体验。

有了网站路径图后，可以通过任务分析的方式循序渐进，逐步分析不同用户是如何完成任务的。任务分析只是要取得场景，并帮助设计师确定需要回答哪些设计问题。对于购物网站的用户来说有以下任务目标。

用户希望很快购买到情人节的礼物。

接下来检查场景，从中找到与任务直接相关的元素。

（1）了解网站如何工作

（2）选择感兴趣的商品

（3）选择加入购物车

（4）查看推荐商品

（5）选择商品

（6）注册或登录

（7）填写邮寄资料

（8）付费完成购买

这个流程是基本的特定任务，并且顺序不一定是固定的。用户如果直接登录或者同时购买多个商品，那么接下来就需要更深层次地查找子任务。例如第 4 步"查看推荐商品"可能会有如下情况。

（a）按照价格查看

（b）按照类型查看

（c）按照发布日期查看

对于每一种情况都要认真考虑，并增加相应的系统交互，以便获得更好的用户体验效果。通过任务分析可以明确交互中每一步的所有细节，所以无论是设计人员还是程序员，都喜欢使用这种方式向其他人解释个人的设计决策。

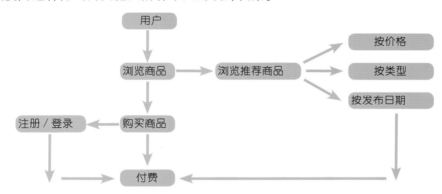

提示　角色模型、场景、网站路径图和任务分析都是网站具体设计的基础，这可以将网站的站点结构完整地呈现出来，为后面的设计制作工作打下良好的基础。

实例 14+ 视频：设计科技通信网页

在开始设计网站页面前，首先要根据网站内容绘制出网站的路径图。通过路径图可以将网站的功能和交互表现清楚，除了可以帮助设计师设计出更合理的页面外，也有利于提高用户浏览网站时的满意度。

配色方案

网站中采用了企业标准色"红色加黑色"的搭配方案。这样的搭配方法可以在吸引用户浏览的同时，加强用户对浏览网站的印象，从而达到推广企业的目的。

主色：#b50200	辅色：#171717	文本颜色：#cecece

源文件：源文件 \ 第 7 章 \7-1-5. psd

操作视频：视频 \ 第 7 章 \7-1-5. swf

● 制作步骤

01 ▶执行"文件>新建"命令，设置"宽度"和"高度"，新建一个文档。

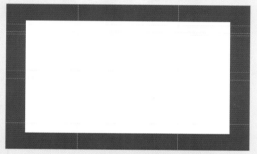

02 ▶从标尺中拖出辅助线，将网站大致的结构标注出来。

03 ▶设置"前景色"为 #b50200，使用"矩形工具"绘制一个形状对象，作为全局导航的背景。

04 ▶采用相同的方法，使用"矩形工具"绘制"填充"颜色为从 #171717 到 #333232 到 #171717 的矩形，作为网站核心图或广告位。

05 ▶将"素材\第7章\71501.jpg"素材打开，并拖入到新建文档中，调整大小和位置。

06 ▶双击该图层，为图片添加"描边"图层样式。

07 ▶继续导入外部的素材图，并将网站的
标志导入，放置在页面的左上角。

08 ▶使用"横排文本工具"在页面中输入
广告语和文本内容。

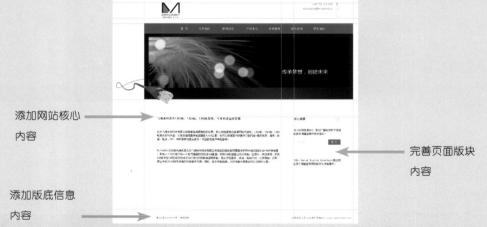

添加网站核心
内容

完善页面版块
内容

添加版底信息
内容

09 ▶继续使用"横排文本工具"为规划中的区域添加文本，完成页面内容的划分。

添加背景颜色

添加投影

绘制装饰线，
区分版块

添加投影增加
空间感

为版底添加背景

10 ▶继续对页面中的一些细节进行完善，导入小图标，添加阴影层次，完成首页的设计。

　　完成网站首页设计后，可以开始根据规划设计制作二级页面。由于首页已经设计完成，
整个页面的风格基本形成，所以网站的二级页面设计相对比较容易。

　　设计的重点在于如何通过规划二级页面的布局，使用户可以快速查找到感兴趣的内容。
用户与网站交互的表现方法也是设计中的重点。在设计的过程中要首先与后台程序员沟通，
确认最终的交互方法。

11 ▶ 在"图层"面板中选择除"背景"图层外的所有图层,选择鼠标右键菜单中的"从图层建立组"命令,设定"名称"和"颜色"。

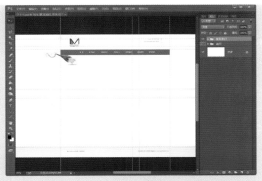

12 ▶ 新建名称为"联系我们"的图层组。将"首页"图层组中的共有图层复制到新图层组中。

13 ▶ 设置"前景色"为 #232323,使用"矩形工具"绘制一个矩形。

14 ▶ 使用"横排文字工具"输入二级导航的面包屑轨迹。

15 ▶ 继续使用"横排文本工具"输入页面中的文本内容,注意标题和正文的区别。

16 ▶ 将"素材\第 7 章\71504.jpg"素材文件打开,并合并到新建文档中。

17 ▶ 为图片添加"描边"图层样式,并输入文本内容。

18 ▶ 使用"形状工具"绘制装饰的虚线和面包屑轨迹装饰图标。

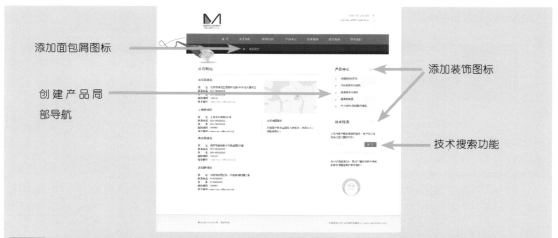

添加面包屑图标

创建产品局
部导航

添加装饰图标

技术搜索功能

19 ▶ 在页面的右侧创建产品中心和技术服务的关联导航,以方便用户在当前页面中跳转。

20 ▶ 观察完成后的首页页面和联系我们页面,页面具有很强的独特性和关联性,既展现了自己栏目中应有的内容,又照顾到其他页面中的内容。

提问:如何保证设计的一致性?

答:通常设计页面前都已经有了网站的完整策划。已经将网站的大致栏目和内容规划好了。设计师在设计时尽量从网站栏目中找到共同点,在不同的页面中使用相同的颜色、文本或图标,重复冲击用户视觉的同时,也会使整个网站风格看起来更加统一。

7.2 串链网站页面

网站页面是用户与网站管理者之间的接口,好的页面体验会让用户一直访问网站,期待获得更多有价值的内容,反之,用户可能永远不会再来。

场景和任务分析可以告诉你将会发生什么事情以及发生的先后顺序。网站角色会告诉你谁会使用网站,甚至还可以了解他们为什么使用网站。对网站页面中的内容而言,一方面要有用户感兴趣的内容,以帮助他们完成当前的任务;另一方面还要确保提供完成下一步任务所需的工具。

　　网站中的页面通常以一种链接的方式共同存在。每个页面显示链接中的某一部分的窗口。在一个链中，每一个环节都是非常重要且不能中断的独立任务。用户可以通过下一步链接到与其相连的页面。

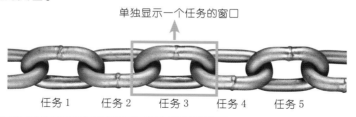

単独显示一个任务的窗口

　　任务 1　　任务 2　　任务 3　　任务 4　　任务 5

> **提示**　为了保证网站页面在功能和应用上的平衡，设计页面时，除了要注意帮助用户在单独页面上完成单个任务外，还要保证用户轻松进入下一步操作。

　　在设计页面时，不仅要考虑显示链中的一环内容，还要显示与之链接的其他环。例如访问 126 邮箱页面时，用户的主要任务是收取邮件，并快速处理。而管理文件夹、撰写邮件和网盘等功能都折叠显示在页面的左侧。用户可以方便地点击需要的链接，完成多个页面的访问。页面的反应看起来很像在同一个页面中发生，但实际上这个页面已经充分转换，每次转换都可以认为是一个新的页面。

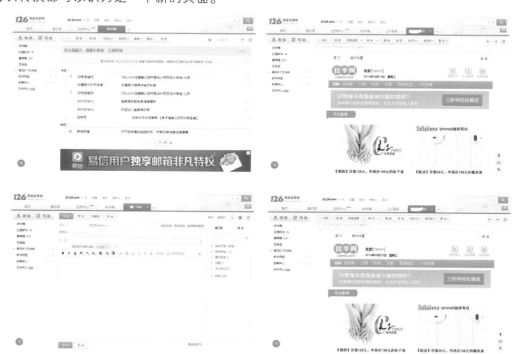

126 邮箱的任务链接关系

　　在用户的操作过程中，浏览器的窗口沿着链接移动且只关注用户当前的操作任务。虽然网页往往可以帮助用户同时处理几件事情，但作为设计人员来说要做的只是明确每一个任务的优先级，并且利用这些优先级做出好的设计决策。

➡ **实例 15+ 视频：设计科技网站页面**

本实例将通过设计一个科技网站的首页和两个二级页，带领读者了解整个网站页面设计的流程。在学习制作方法的同时，要理解网站页面串链的概念，并将这种概念充分吸收后，应用到实际的设计工作中。

● **配色方案**

该网站类型为科技类网站，所以采用了代表科技的蓝色作为主色。使用同色系的浅蓝色作为辅色，整个页面清新又不失和谐。文本颜色以深蓝色和白色为主，方便用户阅读。

主色：#272d4f	辅色：#a6dbdf	文本颜色：#272d4f

🏠 源文件：源文件 \ 第 7 章 \7-2. psd　　　📡 操作视频：视频 \ 第 7 章 \7-2. swf

● **制作步骤**

`01 ▶`执行"文件 > 新建"命令，设置"宽度"和"高度"，新建一个文档。

`02 ▶`从标尺中拖出辅助线，将网站大致的结构标注出来。

`03 ▶`选择"渐变工具"，在"渐变编辑器"中设置"线性渐变"填充。

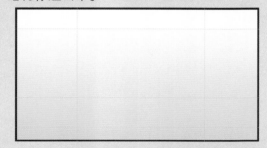

`04 ▶`在画布中从上向下拖动，实现渐变的填充效果。

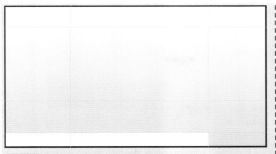 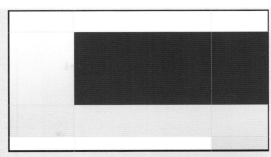

05 ▶ 设置"填充"颜色为白色，使用"矩形工具"在画布中进行绘制。

06 ▶ 设置"填充"颜色为#272d4f，使用"矩形工具"绘制矩形。

07 ▶ 将"第 7 章 \ 素材 \7201.jpg 素材文件打开，并合并到新建文档中。

08 ▶ 使用"矩形工具"绘制矩形，使整个页面不再死板，变得更加生动。

09 ▶ 在"字符"面板中设置各项参数，使用"横排文字工具"输入网址的全局导航。

10 ▶ 设置"填充"颜色为#8db4c3，使用"矩形工具"绘制形状图形，并为其添加"投影"图层样式。

`11 ▶` 设置"填充"颜色为#73936a，使用"矩形工具"绘制全局导航的交互方式。

`12 ▶` 使用"横排文本工具"在页面中输入文本内容，将网站重要的核心内容输入。

将网站标志置入页面中

合并素材图像

合并素材图像

`13 ▶` 将素材图像逐一打开并合并到新建文档中，丰富整个页面的同时也起到引导作用。

添加语言选择

绘制装饰线

绘制装饰线

`14 ▶` 使用"直线工具"绘制装饰线。在页面的左上角添加语言选择，方便不同用户浏览页面。

完成首页面绘制后，接下来根据首页的风格开始设计二级页面。由于篇幅的关系在此只制作"产品中心"和"联系我们"两个页面。

15 ▶ 在"图层"面板中选择全局导航和版底相关图层，分别创建图层组。将其余图层单独创建一个图层组。

16 ▶ 将"首页"图层组隐藏，新建一个"名称"为"产品中心"的图层组，设置"填充"颜色为 #272d4f，绘制一个矩形。

17 ▶ 打开"素材\第 7 章\7206.jpg"素材文件，并合并到新建文档中。

18 ▶ 使用"横排文本工具"在页面中输入栏目内容。

绘制装饰线

合并素材图像

根据页面内容调整版底位置

19 ▶ 打开"素材\第 7 章\7204.jpg"素材文件，并合并到新建文档中。将版底图层组位置向上移动，使整个页面看起来更加紧凑。

　　在制作完一个栏目后，可以将文件另存为一个新的文件，这样有利于后期页面的输出。网站上每个栏目中的内容都不相同，每个页面的高度也不会相同，为了保证页面的紧凑感，要注意合理安排版底的位置。不要为了整个网站风格统一而空白大片区域。

20 ▶ 将"产品中心"图层组拖到"新建图层"按钮上复制一个，修改图层组名称为"联系我们"，将"产品中心"暂时隐藏。

21 ▶ 选择底部色块图层，将其他图层删除。执行"编辑 > 自由变换"命令，调整形状的大小和位置。

22 ▶ 使用"横排文字工具"输入文本内容，并将外部的素材图合并起来。

23 ▶ 继续使用文本工具输入页面内容，注意区分不同级别文本的字体和字号。

24 ▶ 设置"填充"颜色为白色，"描边"颜色为灰色，绘制 3 个文本框。

25 ▶ 继续使用文本工具输入页面内容。注意区分不同级别文本的字体和字号。

经过一番努力，终于完成了 3 个页面的设计。页面中除了美观以外，还有很多地方都是为了提高用户体验满足感而设计的。例如语言种类的选择和"详细"按钮。在"全局导航"下面的提示条也是为了方便用户访问而存在的，它的存在可以随时告诉用户当前访问的位置。设计师要根据页面选择调整其位置。

| 首 页 | 关于我们 | 产品中心 | 产品检测 | 联系我们 | 帮 助 |

在首页单击"全局导航"
中的"产品中心"选项，
进入到产品展示页面

在首页单击"全局导航"
中的"联系我们"选项，
进入到联系我们页面

网站串链结构

提问：设计串链页面时，如何控制页面的层级？

答：设计串链结构页面时，由于页面之间的关系是直线类型的，所以为了方便，用户可以随时在页面之间跳转访问，通过在页面的空白区域（例如页面的左右两侧）添加辅助导航工具或者快速导航条，也可以添加一些滚动跟随功能，方便用户使用。

7.3　了解页面的类型

按照网站功能的不同，可以将网页分为 3 类：导航页面、消费页面和交互页面。导航页面可以帮助用户找到他们想要找的东西，并提供访问链接。用户可以在消费页面中选择消费内容。而交互页面是用户与网站交流的渠道，用户可以输入和管理数据。

不同类型的页面针对不同类型的用户都会略有不同，通过学习页面类型的知识，可以帮助设计师更好地设计页面，对于实现更好的页面交互效果也是很有必要的。

7.3.1　导航页面

网站中都会有导航页面，使用导航页面可以将用户带到他想要去的其他页面，可能是新闻页面、视频页面或者游戏页面。导航页的作用就是让用户离开当前页面，所以在设计导航页面时，要保证用户易于离开。

导航页面提供了流程的导航路径，帮助用户浏览

7.3.2 消费页面

消费页面通常就是用户希望实现目标的目的地。在这些页面中，用户可以完成例如阅读小说、观看影片、浏览照片、查看当前天气、查找行车路线和播放音乐等行为。

消费页面中的内容都是用户非常希望得到的。虽然用户在访问这些内容时的态度不同（例如看小说会聚精会神，查看天气只是简单的一瞥）。但在设计这些页面时，要充分考虑不同用户的访问习惯，尽可能让这些页面中的内容易于消费。

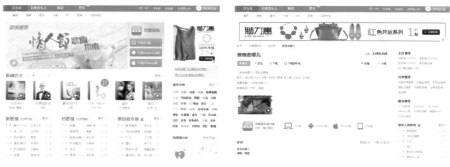

在音乐页面中选择想听的音乐

在图片页面中选择喜欢的图片

7.3.3　交互页面

交互页面指的是用户在页面中输入、拖动、滚动、编辑和删除信息的地方。用户通过在这些页面中操作，实现与网站管理者之间的信息交互。例如用户在搜索页面中的搜索操作，在注册页面中输入个人信息，在用户调整页面回答各种提问。

用户通过注册页面与网站交互　　　　　　用户通过调查页面与网站交互

根据网站要交互内容的不同，页面的复杂程度也不相同。对于初次访问页面的用户，由于不熟悉网站的功能和操作，通常都有一定的难度。随着访问的次数越来越多，访问就会变得更加得心应手。

作为设计师要尽量做到了解用户，从而优化设计，既要让整个页面易于使用，也要让长期用户使用起来更高效。

实际的网页设计工作中可能会遇到同一个页面包含了 3 种类型的情况，这样的页面一般比较复杂，页面信息量也较大。但无论你认为用户可能在页面上想做多少事情，都只有一件是最重要的事情。所以只需要针对这个最重要的任务进行设计即可。

7.4　组合类似的任务

网站中的内容很多，如果一个页面中只能完成一个任务，那网站就需要很多的页面，而且这个任务同时可能还有很多子任务或相关的任务，用户在众多的页面中跳转既浪费时间又影响用户的体验。此时将这些任务紧密结合在一起，成为一件很有意义的事情。

多种任务结合在同一页面

有时一个任务很小，小到没有必要单独为其建立一个完整的页面。可以考虑将其与其他类似页面组合，得到一个功能全面的页面。

> **提示** 决定完成一组任务要创建多少个页面时，要考虑以下 5 点。
> （1）用户的技术水平；（2）用户的网络速度；（3）网页中的信息量；
> （4）用户需要完成的任务；（5）用户完成任务的频率。

7.4.1 使用向导完成交互任务

在网页设计中，每一个页面完成一个步骤的布局称为向导。这种布局方法通常面向网站的新用户。这些用户技术水平不高，太过复杂的页面内容通常会让他们感到手足无措。采用向导布局方式，可以简化复杂的任务，更容易让用户接受。

向导布局完成用户购物操作

采用向导布局可以保证不会遗漏任务中的任何一步。不过由于向导是线性的，步骤必须按照顺序完成。为了减少完成任务过程中太过枯燥、乏味，可以将任务分阶段完成。例如网站应用程序下载安装即为向导布局。

以向导布局的方
式完成任务

网站应用程序下载安装

> **提示** 采用向导布局页面，除了可以有效提高用户的体验外，也有利于用户以较快的速度访问页面。用户如果要进行远程测试，可将测试题分别划分到多个页面上，以便可以快速加载，方便用户使用。

7.4.2　使用控制面板完成交互任务

采用向导布局可以清晰地显示任务的步骤，满足网络条件较差的初级用户的要求。对于一些用户水平很高且网络下载速度很快的用户，可以通过采用控制面板布局的方式满足他们的要求。

在一个页面上组合多个步骤的布局方式被称为控制面板。这种布局方式使用户可以清晰地看到任务内容，很容易理解且选择直观。而且由于任务中的各种元素邻近摆放，整个页面的连贯性很强，而且单独一个页面对用户来说操作起来很方便。

同一个页面中包含了用户的基本资料、联系资料和丰富资料，更方便用户查看和修改

将用户基本信息组合在一起

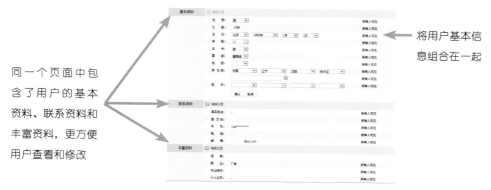

控制面板布局用户资料页面

7.4.3　使用工具条完成交互任务

如果任务中包含多个可以按任意顺序完成的步骤，且需要根据需要随时取消和重做，那么就可以采用工具条布局完成交互任务。工具条可以让交互工具紧邻它们影响的工作区，为交互工作提供方便。

工具条的使用在软件中非常常见，由于网络速度和用户水平的关系，在网页设计中并没有被广泛使用。随着网络技术的发展，越来越多的网页中添加了工具条，以满足与用户的交互。

使用工具条可以按任何顺序完成任务

步骤可以随时取消和重做

> **提示**　使用工具条布局页面对用户的技术水平有一定要求。如果任务针对用户水平较低，则不建议使用工具条。而且工具条的位置要紧邻工作区，以便于用户使用。

⇒ 实例 16+ 视频：设计理财投资网站

　　本实例制作了一款时尚简洁的理财投资类页面。页面大面积采用了漂亮的蓝色和中性色，导航部分是一张倾斜放置的卡片，增加了版式的灵活性和趣味性。各种小按钮和图标的合理使用增加了配色的丰富性。

● 配色方案

　　使用白色和浅灰色作为背景色，与纯净的蓝色搭配，彰显出白领一族的严谨理智与轻松时尚。绿色与橙色为主的小按钮加快了配色节奏，整体配色效果严谨而舒适。

主色：#009ad8	辅色：#001d2b	文本颜色：#000000

使用纯净的天蓝色作为主色，显得严谨、沉静、时尚、轻松、舒适

使用大面积的中性色，使得页面配色效果安定而悦目，更能提高文字的可读性

🏠 源文件：源文件 \ 第 7 章 \7-4-3.psd　　　📶 操作视频：视频 \ 第 7 章 \7-4-3.swf

● 制作步骤

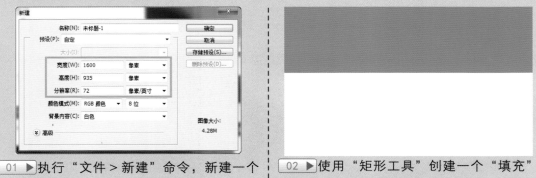

01 ▶ 执行"文件 > 新建"命令，新建一个空白文档。

02 ▶ 使用"矩形工具"创建一个"填充"颜色为 #009ad8 的矩形。

提示　　制作网页时首先应该分割出大致的版块和功能区，然后进一步对各个版块进行细分，接下来添入文字信息和图片，最后再加入按钮、图标和其他装饰性元素，这可以保证页面整体效果的平衡与协调。

03 ▶ 使用"圆角矩形工具"创建"填充"颜色为白色的形状，将其适当旋转。

04 ▶ 复制该图层至其下方，修改"填充"颜色为黑色，在"属性"面板中将其羽化 5 像素。

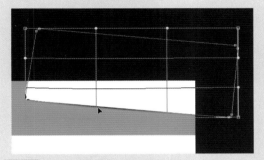

05 ▶ 执行"编辑 > 变换 > 变形"命令，对投影形状进行调整。

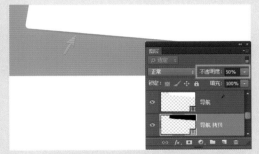

06 ▶ 设置该图层"不透明度"为 50%，使投影效果更加自然。

07 ▶ 打开素材"素材 \ 第 7 章 \74301.jpg"，将其拖入设计文档中，适当调整位置。

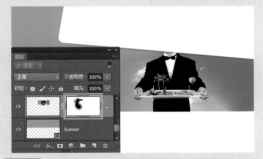

08 ▶ 为该图层添加图层蒙版，使用黑色柔边画笔融合素材边缘与背景色。

09 ▶ 使用"矩形工具"创建一个"填充"颜色为 #009ad8 的矩形。

10 ▶ 在"字符"面板中适当设置参数值，使用"横排文字工具"输入相关的文字。

11 ▶ 使用"横排文字工具"输入其他的文字，并在"字符"面板中修改字符属性。

12 ▶ 使用相同的方法输入其他的文字。

13 ▶ 使用"椭圆工具"在文字后面创建黑色的正圆。

14 ▶ 双击该图层缩览图，弹出"图层样式"对话框，选择"描边"选项，设置参数值。

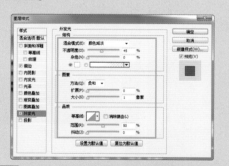

15 ▶ 继续在"图层样式"对话框中选择"外发光"选项，设置参数值。

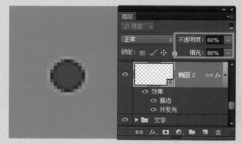

16 ▶ 设置该图层的"不透明度"为60%，"填充"为80%，得到按钮效果。

17 ▶ 使用相同的方法制作其他的按钮。

18 ▶ 使用"圆角矩形"创建一个"半径"为20像素的形状，颜色任意。

19 ▶ 使用"直接选择工具"拖动选择圆角矩形最下方的 2 个锚点，将其删除。

20 ▶ 双击该图层缩览图，打开"图层样式"对话框，选择"混合选项"选项设置参数值。

21 ▶ 继续在"图层样式"对话框中选择"描边"选项，设置参数值。

22 ▶ 继续在"图层样式"对话框中选择"渐变叠加"选项，设置参数值。

23 ▶ 继续在"图层样式"对话框中选择"投影"选项，设置参数值。

24 ▶ 设置完成后单击"确定"按钮，得到导航条的效果。

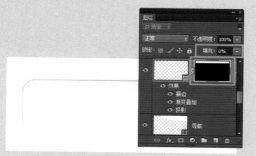

25 ▶ 为该图层添加图层蒙版，使用黑白线性渐变填充画布。

26 ▶ 使用相同的方法完成其他内容的制作。

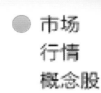

27 ▶ 使用"椭圆工具"创建一个正圆,适当设置其"填充"颜色。

28 ▶ 使用"直线工具",以"合并形状"模式绘制"填充"颜色为 #696e54 的箭头。

29 ▶ 双击该图层缩览图,打开"图层样式"对话框,选择"外发光"选项,设置参数值。

30 ▶ 设置完成后单击"确定"按钮,得到按钮效果。

31 ▶ 使用相同的方法完成其他内容的制作,得到页面最终效果。

提问:丰富页面任务效果的手法有哪些?

答:页面中通过将多个任务组合在一起,以达到方便用户查找和节省页面空间的作用。常见的手法有通过 Flash 动画、html 动画、多层标签、下拉菜单和辅助导航条等。在简洁的页面中可以使用动画效果,以增加页面的趣味性。在复杂页面中则尽量避免使用复杂的动画效果。

7.5 使用网站图

设计师可以使用网站图记录网站的页面。这里所指的网站页面还包括页面之间的相互关系，页面之间的交互以及一些其他方面。通过使用方框和箭头可以轻松表达这些信息，将信息的表达层次和方法清晰地呈现，以便于设计师更好地完成网站页面的实际工作。

可以采用多种形式创建网站图，这取决于项目的具体需要和设计人员的个人喜好。无论采用哪种形式，最终的目的都是要使网站页面更适用。

7.5.1 树图布局

树图布局非常适合显示网站的层次结构。通常使用树图布局的网站页面都较少，页面内容也比较简洁。不过此类页面为了完整显示内容且不增加新层级，会出现页面过高的情况。

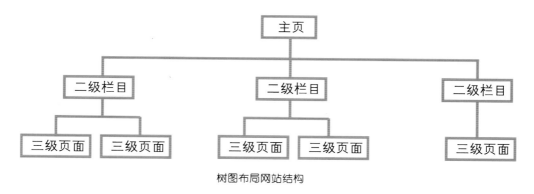

树图布局网站结构

树图布局比较适合企业网站。通常企业网站都以展示企业形象为主。由于网站页面不多，所以整个站点的层次也不深。页面中的信息量也不大，可以采用简单大气的设计方案，逐级的树图布局是不错的选择。

树图网站二级页

树图网站首页

网站按照企业的各项功能划分出 8 个二级栏目，用户可以根据个人需求选择要访问的页面。同时根据信息不同，二级栏目又继续分出树状页面。

7.5.2 梳状图布局

梳状图布局的形状就像是日常生活中的梳子，在一个二级页面下面同时连接多个三级页面，供用户选择。

这种布局比较适合网站页面多层次较深的网站。网页中大多数的电子文档都很高而不是很宽，这样既不方便用户快速查找，也不方便用户阅读。采用梳状图布局可以将一个较长的页面分割成多个较短的页面供用户浏览，很好地解决页面过高的问题。

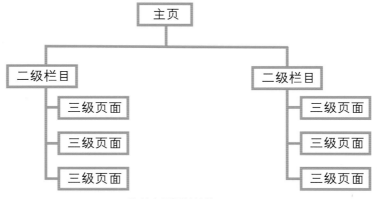

梳状布局网站结构

> "浅"是指有大量相同层次的内容。如果网站上所有内容都可以通过主页单击一次得到，那就是一种浅组织方案。"深"不仅有层次，还有子层次，子层次下面还有下一级子层次。

梳状图结构比较适合电子商务类网站。此类网站中页面较多，同时一个分类下面会有很多不同的商品，而这些商品页面可以供用户同时选择。使用梳状图布局可以很好地管理页面内容，方便用户浏览。

梳状图网站首页

作品展示页面下还有三种选项

外景地页面下还有三种选项

网站中将企业功能划分，并在不同的功能下提供多个分类供用户选择。

7.5.3　星状图布局

针对层次结构不严格且组织不深的网站，可以采用星状图结构。这类网站通常内容较多且分类多。所以在绘制布局图前，要先仔细整理收集资料，然后再绘制星状图。

星状图布局不像树状图易于浏览，为了方便区别不同层次的内容，可以为每一种内容指定一种特有的外观，用来区别层次结构。

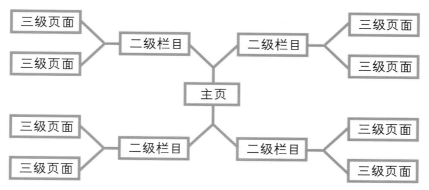

星状图布局网站结构

对于较大的公司企业，通常会有多种产品或服务。采用星状图布局是不错的选择，通过将不同种类的产品划分到不同栏目，从而实现实用且丰富的页面效果。

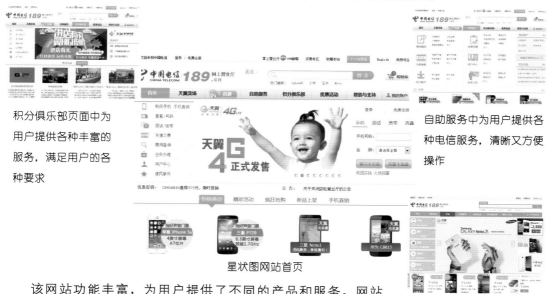

积分俱乐部页面中为用户提供各种丰富的服务，满足用户的各种要求

自助服务中为用户提供各种电信服务，清晰又方便操作

星状图网站首页

机惠栏目中为用户提供手机销售和定制的服务

该网站功能丰富，为用户提供了不同的产品和服务。网站采用了星形图布局。将不同的内容分类，并在不同的分类栏目下提供同级别的页面，既方便用户查找感兴趣的内容，又使整个网站层次合理，方便访问。

提示　网站中所指的"小"意味着网站采用简洁的布局。"大"就意味着网站采用较为复杂的布局，需要仔细考虑绘制布局图，以便可以清楚地表示页面关系。

7.5.4　标签页图布局

　　如果网站中的内容没有明显的层次性，并且不能按照相似的特征组织，可以采用标签页图布局。标签页图布局不用为每一个分组指定概览页面，虽然一个分组中有很多页面。

　　标签页图看起来和树状图很像，但实际上两种布局的本质区别就是对于每一种分类是否有概览图。树状图需要为每一层设计一个概览图，用来对该层中的内容进行总结。而标签页图则不需要设计概览图。

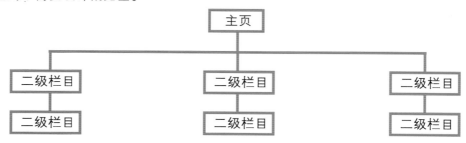

标签图布局网站结构

　　对于一些小型公司或大型公司中的某一项业务或某一个部分的网站，可以采用标签页图布局。这类网站中通常分类不会太复杂，而且几乎没有同类页面。网站内容只需要依次排列即可。

标签页图网站首页

　　标签页图布局的网站最大的特点就是除了首页以外，没有其他任何概览页面。设计网站中只需要一个页面就可以将要表达的内容说清楚，非常适合使用标签页图布局。

> **提示**　在使用网站图记录如何组织时，要重点记录层级体系以及哪些页面存在。要将网站的各个部分都显示出来，包括子页面，还有对页面中显示的信息进行说明。

➡ 实例 17+ 视频：设计数码产品网站

　　本实例制作的是一款数码产品网站。该网页主要以精致的图像为浏览者传递信息，大量精美的图片也能够在视觉上吸引浏览者。页面采用梳状图页面布局，用户在选择进入一种产品页面后，还可以同时选择多种型号的产品。

● **配色方案**

　　灰蓝色的背景，使整个页面看起来既清凉又明快，给人带来清纯、亮眼的感觉。零散但均匀分布的橘黄色为页面添加欢快活跃的气氛，灰色的文本分布于空旷的页面底部，带给人干净、整洁的感觉。

主色：#e4ecf1	辅色：#fd9b39	文本颜色：#889397

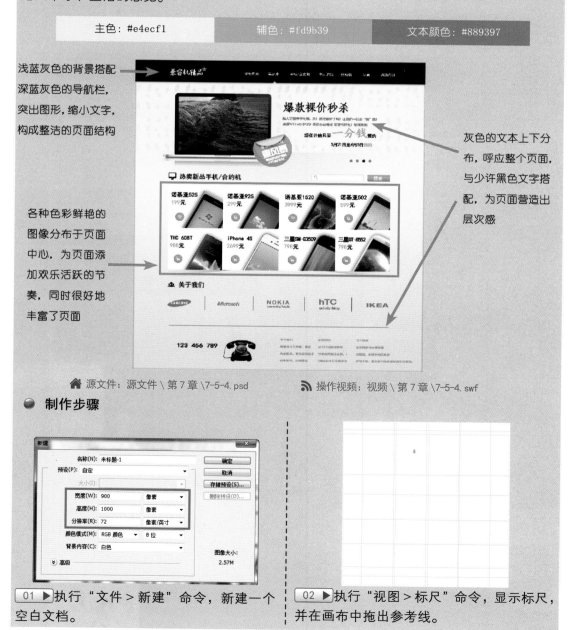

浅蓝灰色的背景搭配深蓝灰色的导航栏，突出图形，缩小文字，构成整洁的页面结构

灰色的文本上下分布，呼应整个页面，与少许黑色文字搭配，为页面营造出层次感

各种色彩鲜艳的图像分布于页面中心，为页面添加欢乐活跃的节奏，同时很好地丰富了页面

🏠 源文件：源文件 \ 第 7 章 \7-5-4.psd　　　　📶 操作视频：视频 \ 第 7 章 \7-5-4.swf

● **制作步骤**

`01 ▶` 执行"文件>新建"命令，新建一个空白文档。

`02 ▶` 执行"视图>标尺"命令，显示标尺，并在画布中拖出参考线。

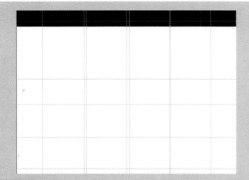

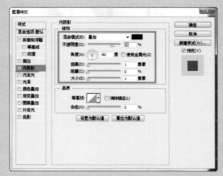

03 ▶ 使用"矩形工具"在画布顶部创建"填充"颜色为 #1f2932 的形状。

04 ▶ 打开"图层样式"对话框,选择"内阴影"选项,设置参数值。

05 ▶ 设置完成后单击"确定"按钮,得到图像效果。

06 ▶ 使用相同的方法在该矩形中心绘制矩形,并添加相应的图层样式。

07 ▶ 选择"矩形工具",打开"填充"面板并设置渐变颜色,然后在画布中创建形状。

08 ▶ 选择"钢笔工具",设置"路径操作"为"合并形状",在矩形顶部进行绘制。

09 ▶ 打开"图层样式"对话框,选择"内阴影"选项并设置参数。

10 ▶ 设置完成后单击"确定"按钮,得到图形效果。

11 ▶ 使用"钢笔工具"在画布中创建"填充"颜色为 #dfe6ec 的形状。选中该形状路径，分别按下快捷键 Ctrl+C、Ctrl+V 复制并粘贴形状，适当调整其角度和位置。使用相同的方法完成相似制作。

12 ▶ 单击"图层"面板底部的"添加图层蒙版"按钮，使用黑色柔边画笔在画布中涂抹。

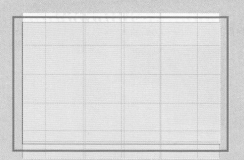

13 ▶ 使用"矩形工具"在画布中创建"填充"颜色为 #d9e0e4 的形状。

14 ▶ 为该图层添加图层蒙版，并使用黑白径向渐变填充画布。

15 ▶ 执行"文件>打开"命令，打开素材"素材\第 7 章\75401.png"，将其拖入设计文档中。

16 ▶ 复制该图层，并将其垂直翻转，拖移至合适的位置。

17 ▶ 为其添加图层蒙版，并使用黑白线性渐变填充画布。

18 ▶ 使用"椭圆工具"在画布中创建"填充"颜色为 #fb8c21 的形状。

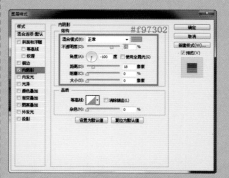

19 ▶ 选择"钢笔工具"，设置"工具模式"为"减去顶层形状"，在形状上方绘制。

20 ▶ 打开"图层样式"对话框，选择"内阴影"选项并设置参数。

21 ▶ 设置完成后单击"确定"按钮，得到图像效果。

22 ▶ 使用相同的方法完成相似制作。

23 ▶ 选择"椭圆 1"，打开"字符"面板，设置参数，并在画布中输入相应文字。

24 ▶ 执行"编辑 > 变换 > 旋转"命令，对文字进行旋转操作。

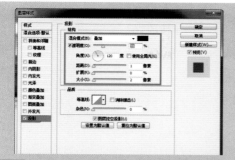

25 ▶打开"图层样式"对话框,选择"投影"选项,设置参数值。

26 ▶设置完成后单击"确定"按钮,使用相同的方法输入其他文字并添加图层样式。

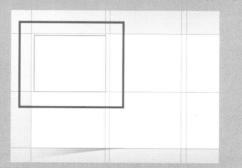

27 ▶使用相同的方法完成相似制作。

28 ▶使用"矩形工具"在画布中创建形状。

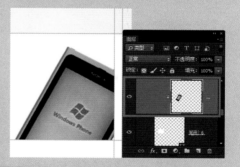

29 ▶执行"文件 > 打开"命令,打开素材"素材 \ 第 7 章 \75402.png",将其拖入设计文档中,并适当调整其大小和位置。

30 ▶使用鼠标右键单击该图层缩览图,在弹出的快捷菜单中选择"创建剪贴蒙版"命令。

31 ▶打开"图层样式"对话框,选择"外发光"选项并设置参数。

32 ▶设置完成后单击"确定"按钮,得到图像效果。

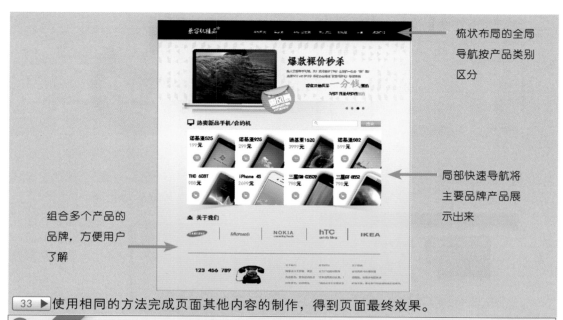

梳状布局的全局
导航按产品类别
区分

局部快速导航将
主要品牌产品展
示出来

组合多个产品的
品牌,方便用户
了解

33 ▶ 使用相同的方法完成页面其他内容的制作,得到页面最终效果。

提问:如何选择网站的布局类型?

答:要想正确选择一种适合自己网站的布局方式,首先要做的是将网站中的产品分类。如果分类清晰且少,可以选择树图布局或梳形布局。分类较多且复杂可以选择星形布局。内容单一重复多的可以选择标签布局。

7.6 页面分区与交互

发挥自己的创意,设计出与众不同的页面是每个网页设计师所希望的。但是这个创意的过程并不是天马行空、无所顾忌的。研究表明用户对于浏览页面有一些一致的习惯,如果违背了这些习惯,通常会得到被用户忽略的后果。例如网站的 Logo 通常都在页面的左上角,"购物车"往往都位于右上角。"返回主页"链接都在页面的左上角。如果把有用的链接放错了位置,就很有可能被完全忽略。

网站的标志通常都在
页面的左上角,吸引
用户注意并留下印象

用户的"登录"和"注册"都在页面的右上角,方便用户查找操作

页面的左下角通常不
会引起人的注意,所
以常使用图标或图片
以吸引用户

对于页面中较为重要的
部分,可以采用增加篇
幅的方式吸引用户

页面元素布局的重要性

7.6.1　页面分区

在开始设计页面布局时，可以采用创建模板的方式，避免不合理的安排影响整个页面的浏览效果。对网站页面进行分区，对于网站模板的创建非常有利。例如在页面中划分出一部分作为导航区、一部分作为广告区、一部分作为内容区等。

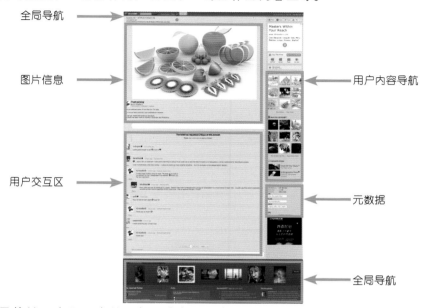

全局导航放置在页面中的顶部和底部，方便用户在不同页面间跳转，包括用户注册、登录、搜索、主页链接和核心导航等内容。图片信息区显示图片的内容和描述。用户导航区中提供了相似和同类的图片供用户选择。元数据放在页面不起眼的位置，用户可以选择性访问。用户交互区可以提供作者与浏览者之间的交互。

> 提示

> 　页面中的每一个分区中都包含与这个分区核心目标相关的内容，而且可以很容易地访问相关的工具。

7.6.2　划分模块

页面确立分区后，就可以继续讨论各个分区中有哪些内容。需要哪些添加链接、文本或功能。同时也对不同元素之间的关系进行确定。可以将一些功能相近或相关的内容设计在一起，形成一个方便管理的工作模块。

将发布后的评论和发布评论功能模块化，同时将推荐功能也以标签的形式合并进来，方便用户使用。

"个人评论"模块也由相关的功能组成，这些相关的元素构成了个人用户评论的显示和功能。通过将这些功能紧密结合形成模块，创建了一个用户可以在网站任何地方使用的系统。

将网站进行模块化，除了可以有效地节省页面空间，方便用户操作外，还对整个网站系统的安全与扩展有很大作用。同时大量模块化功能应用也方便程序员重复使用代码。对于一些重复的功能程序，只需要采用调用的方式就可以直接实现。

而且模块中通常包含着相关联的内容，这些内容为用户提供了任务的所有关键信息及彼此的关联方式。

实例 18+ 视频：设计科技产品网站

本实例制作了一款既具有严肃感，又能够带给人积极和欢快情绪的科技电子产品网站。页面是以图文结合的形式向浏览者传递信息的。页面中采用了丰富的布局方式，将页面中的各种功能组合在一起，既方便了用户查找使用，又节省了页面空间。

● 配色方案

纯白色的背景搭配不同明度的蓝色块，页面效果明快而不显轻浮，带给人亮眼而又高贵神秘的感觉。灰色为页面的文本色，中和了蓝色与白色的高明度差距，缓和了页面冷暖效果，使整个页面看起来更舒服。

主色: #ffffff	辅色: #123e78	文本颜色: #828385

规整的图像形状与不规则的文字段落相搭配，营造出既严肃而又灵活的页面氛围

将网站类似功能组合在一起，方便用户查找使用

网站使用中遇到的问题汇总

源文件：源文件 \ 第 7 章 \7-6-2. psd　　操作视频：视频 \ 第 7 章 \7-6-2. swf

● 制作步骤

01 ▶ 执行"文件 > 新建"命令，新建一个空白文档。

02 ▶ 执行"视图 > 标尺"命令，显示标尺，在画布中拖出参考线。

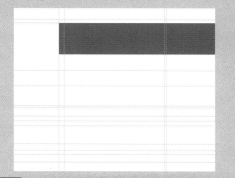

03 ▶ 使用"矩形工具"在画布中创建"填充"颜色为 #bfc6d3 的形状。

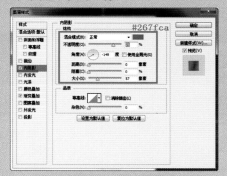

04 ▶ 打开"图层样式"对话框，选择"内阴影"选项，设置参数值。

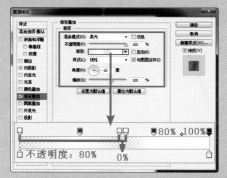

05 ▶ 选择"渐变叠加"选项并设置参数。

06 ▶ 设置完成后单击"确定"按钮。

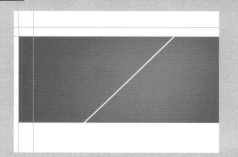

07 ▶ 使用"直线工具"在画布中绘制"粗细"为"2 像素"的白色直线。

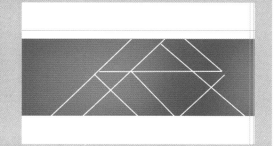

08 ▶ 继续在画布中绘制直线。

09 ▶将所有直线图层编组,修改其"不透明度"为15%,"混合模式"为"叠加",得到半透明图像效果。

10 ▶选中该组,按住Alt键的同时单击"矩形1"缩览图,将其载入选区,单击"图层"面板底部的"添加图层蒙版"按钮。

11 ▶使用相同的方法创建矩形并添加相应的图层样式。

12 ▶使用"圆角矩形工具"创建"填充"颜色为#0f3363,"描边"颜色为#2f73a0的形状。

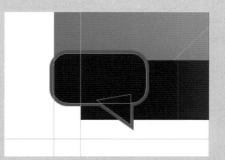

13 ▶选择"钢笔工具",设置"路径操作"为"合并形状",在形状中绘制图形。

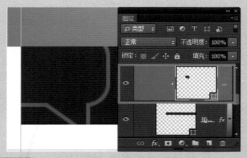

14 ▶使用鼠标右键单击图层缩览图,在弹出的快捷菜单中选择"创建剪贴蒙版"命令。

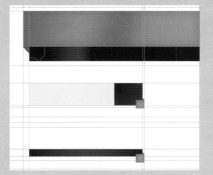

15 ▶使用相同的方法绘制其他色块。

16 ▶执行"文件>打开"命令,打开素材"素材\第7章\76201.png",将其拖入设计文档中。

17 ▶打开"字符"面板，设置参数，并在画布中输入相应的文字。

18 ▶继续设置字符样式，并在画布中输入其他文字。

19 ▶继续使用相同的方法，输入页面标题文字和正文内容。置入图像素材，完成其他相似内容的制作。

20 ▶使用"圆角矩形工具"在画布右上角创建"填充"颜色为 #0d2f5c 的形状，并为其添加"描边"和"内阴影"图层样式。

页面导航区域，方便用户查找、搜索内容

产品展示区可以将网站最具竞争力的内容展现出来

用户导航区方便用户查找感兴趣的内容

图片信息区展示网站各种功能

用户交互区帮助用户解决浏览中遇到的问题

21 ▶设置完成后单击"确定"按钮，使用相同的方法完成相似制作，得到网页最终效果。

提问：为什么要对网站进行分区？

答：网站分区首先可以方便用户浏览，用户可以很快地找到自己感兴趣的内容。另外也对网站的安全有帮助，这是因为现在的网站大部分都采用模板的方式制作，将同类的内容制作在同一个模板文件中，不会对其他页面造成影响。

7.7 本章小结

本章针对网站页面的结构进行了学习，通过学习用户应该了解布局页面的方法和技巧，并将所学的内容综合应用，针对站点信息的多少和分类选择合适的布局方式。同时为页面加入丰富的页面元素，获得满意的设计效果。

由于一般网站内容都较多且复杂，很多设计师在刚开始从事设计工作时，都感觉无从下手。但随着设计水平的日益增加，慢慢就会感到得心应手了。网站设计是一个需要积累的行业，不能操之过急。